● 電気・電子工学ライブラリ ●
UKE-D7

電気機器学

三木一郎・下村昭二 共著

数理工学社

編者のことば

　電気磁気学を基礎とする電気電子工学は，環境・エネルギーや通信情報分野など社会のインフラを構築し社会システムの高機能化を進める重要な基盤技術の一つである．また，日々伝えられる再生可能エネルギーや新素材の開発，新しいインターネット通信方式の考案など，今まで電気電子技術が適用できなかった応用分野を開拓し境界領域を拡大し続けて，社会システムの再構築を促進し一般の多くの人々の利用を飛躍的に拡大させている．

　このようにダイナミックに発展を遂げている電気電子技術の基礎的内容を整理して体系化し，科学技術の分野で一般社会に貢献をしたいと思っている多くの大学・高専の学生諸君や若い研究者・技術者に伝えることも科学技術を継続的に発展させるためには必要であると思う．

　本ライブラリは，日々進化し高度化する電気電子技術の基礎となる重要な学術を整理して体系化し，それぞれの分野をより深くさらに学ぶための基本となる内容を精査して取り上げた教科書を集大成したものである．

　本ライブラリ編集の基本方針は，以下のとおりである．

1) 今後の電気電子工学教育のニーズに合った使い易く分かり易い教科書．
2) 最新の知見の流れを取り入れ，創造性教育などにも配慮した電気電子工学基礎領域全般に亘る斬新な書目群．
3) 内容的には大学・高専の学生と若い研究者・技術者を読者として想定．
4) 例題を出来るだけ多用し読者の理解を助け，実践的な応用力の涵養を促進．

　本ライブラリの書目群は，I 基礎・共通，II 物性・新素材，III 信号処理・通信，IV エネルギー・制御，から構成されている．

　書目群Iの基礎・共通は9書目である．電気・電子通信系技術の基礎と共通書目を取り上げた．

　書目群IIの物性・新素材は7書目である．この書目群は，誘電体・半導体・磁性体のそれぞれの電気磁気的性質の基礎から説きおこし半導体物性や半導体デバイスを中心に書目を配置している．

　書目群IIIの信号処理・通信は5書目である．この書目群では信号処理の基本から信号伝送，信号通信ネットワーク，応用分野が拡大する電磁波，および

編者のことば iii

電気電子工学の医療技術への応用などを取り上げた.

　書目群 IV のエネルギー・制御は 10 書目である．電気エネルギーの発生，輸送・伝送，伝達・変換，処理や利用技術とこのシステムの制御などである．

　「電気文明の時代」の 20 世紀に引き続き，今世紀も環境・エネルギーと情報通信分野など社会インフラシステムの再構築と先端技術の開発を支える分野で，社会に貢献し活躍を望む若い方々の座右の書群になることを希望したい.

　2011 年 9 月

編者　松 瀬 貢 規　湯 本 雅 恵
西 方 正 司　井家上哲史

「電気・電子工学ライブラリ」書目一覧

書目群 I （基礎・共通）		書目群 III （信号処理・通信）	
1	電気電子基礎数学	1	信号処理の基礎
2	電気磁気学の基礎	2	情報通信工学
3	電気回路	3	無線とネットワークの基礎
4	基礎電気電子計測	4	基礎 電磁波工学
5	応用電気電子計測	5	生体電子工学
6	アナログ電子回路の基礎	**書目群 IV （エネルギー・制御）**	
7	ディジタル電子回路	1	環境とエネルギー
8	ハードウェア記述言語による	2	電力発生工学
	ディジタル回路設計の基礎	3	電力システム工学の基礎
9	コンピュータ工学	4	超電導・応用
書目群 II （物性・新素材）		5	基礎制御工学
1	電気電子材料工学	6	システム解析
2	半導体物性	7	電気機器学
3	半導体デバイス	8	パワーエレクトロニクス
4	集積回路工学	9	アクチュエータ工学
5	光工学入門	10	ロボット工学
6	高電界工学	別巻 1	演習と応用 電気磁気学
7	電気電子化学	別巻 2	演習と応用 電気回路
		別巻 3	演習と応用 基礎制御工学

まえがき

　現代社会において電気は空気や水のような存在であり，なくてはならないものとなっている．何らかの事故や災害等で電気が届かなくなり，大変な不便を感じたときに改めて電気の重要性が認識されるほど私たちの日常生活に溶け込んでいる．この電気の発生に始まり電気の送受電，配電そして工場や家庭，交通，その他様々な場所や道具において種々の電気機器が使用されている．さらに今や自動車にもモータが搭載されるようになっており，電気機器は社会を支える重要な要素となっている．

　電気機器の分類法にもいろいろとあるが，それらの表をみると様々な種類があることがわかる．また，最近では例えば永久磁石同期モータのように，磁石の形状，配置，磁石量などにより，新しいタイプのモータが数多く開発されてきている．これらのモータがすべて全く新規な考え方によるものというわけではなく，もともとある基礎的な理論に基づきデザインされ実現されたものが多い．したがって，電磁気学や三相回路を含む電気回路を十分学習した上で電気機器の基礎的な理論を学んでおけば，新しいタイプの電気機器についても容易に理解することができる．

　先に述べたように電気機器には多くの種類があり，本書ですべてを網羅することはできない．そこで本書でもこれまでに発刊されている教科書などと同様に，代表的な電気機器である直流機，変圧器，誘導機，同期機を取り上げた．これらの機器は古くからある機器であるが，非常に重要な原理や考え方に基づいて作られた機器であり，これらをおろそかにするべきではないということ，さらにはこれらを十分理解しておけば今後も出現することが予想される新しい機器についても対処することが十分可能であるという考えに基づいている．

　本書では，学習を容易にするために説明には図表を多く用いた．また，理解を確実にするために適宜多くの例題と章末問題を載せ，これらには解答も付けた．既に言い尽くされた言葉ではあるが，何事も基本が大切であることは今も

まえがき

昔も変わりがない．本書を有効に使って電気機器の学習を行っていただければ幸いである．

本書の執筆にあたっては，多くの電気機器を中心としたテキストなどを参考にさせて頂いた．また，各会社には写真のご提供を頂いた．関係各位に感謝の意を表する．

2017 年 8 月

著者

目　　次

第0章

電気機器の基礎理論　　1

0.1　電 気 機 器 ……………………………………… 2

　　0.1.1　電気機器の分類 ………………………… 2

　　0.1.2　銘　　板 …………………………………… 3

0.2　電気機器の基礎原理 ………………………… 4

　　0.2.1　電流による磁界の発生 ……………………… 4

　　0.2.2　電 磁 誘 導 …………………………………… 5

　　0.2.3　磁 気 回 路 …………………………………… 6

0.3　ト ル ク ………………………………………… 9

　　0章の問題 ……………………………………… 10

第1章

直 流 機　　11

1.1　直流機の原理と構造 ………………………… 12

　　1.1.1　直流発電機 …………………………………… 12

　　1.1.2　直流電動機 …………………………………… 17

　　1.1.3　実際の直流機 ………………………………… 18

1.2　直流機の理論 …………………………………… 21

　　1.2.1　直流発電機 …………………………………… 21

　　1.2.2　直流電動機 …………………………………… 28

1.3　直流発電機の種類と特性 ……………………… 32

　　1.3.1　直流発電機の種類 …………………………… 32

目 次　　　vii

　　　1.3.2　直流発電機の特性 ……………………………… 32
　1.4　直流電動機の種類と特性 ………………………………… 41
　　　1.4.1　直流電動機の種類 ………………………………… 41
　　　1.4.2　直流電動機の特性 ………………………………… 42
　1.5　直流電動機の運転 ………………………………………… 47
　1章の問題 …………………………………………………… 51

第2章

変 圧 器　　　55

　2.1　変圧器の原理と構造 ……………………………………… 56
　　　2.1.1　原　　理 ……………………………………………… 56
　　　2.1.2　構　　造 ……………………………………………… 57
　2.2　理想変圧器 ………………………………………………… 61
　　　2.2.1　理想変圧器の条件と原理 ………………………… 61
　　　2.2.2　理想変圧器の等価回路 …………………………… 63
　2.3　実際の変圧器 ……………………………………………… 65
　　　2.3.1　励 磁 電 流 …………………………………………… 65
　　　2.3.2　実際の変圧器の等価回路 ………………………… 66
　2.4　変圧器の特性 ……………………………………………… 71
　　　2.4.1　百分率抵抗降下と百分率リアクタンス降下 …… 71
　　　2.4.2　電圧変動率 ………………………………………… 72
　　　2.4.3　損失と効率 ………………………………………… 73
　2.5　変圧器の三相結線と並行運転 …………………………… 77
　　　2.5.1　変圧器の極性 ……………………………………… 77
　　　2.5.2　三 相 結 線 …………………………………………… 77
　　　2.5.3　並 行 運 転 …………………………………………… 83
　2.6　各種変圧器 ………………………………………………… 86
　　　2.6.1　三相変圧器 ………………………………………… 86
　　　2.6.2　特殊変圧器 ………………………………………… 87
　2章の問題 …………………………………………………… 89

第3章

誘　導　機　　　　91

3.1　三相誘導電動機の原理と構造 ………………………… 92

　3.1.1　回転磁界とトルクの発生原理 ……………… 92

　3.1.2　構　　　造 ……………………………………… 94

3.2　三相誘導電動機の理論 …………………………………… 97

　3.2.1　滑　　　り ……………………………………… 97

　3.2.2　誘導起電力と電流 …………………………… 97

　3.2.3　巻　線　係　数 ………………………………… 99

3.3　三相誘導電動機の等価回路 ………………………… 102

　3.3.1　等　価　回　路 ……………………………… 102

　3.3.2　等価回路定数の決定 ……………………… 104

　3.3.3　等価回路による特性算定 ………………… 106

3.4　三相誘導電動機の特性 ………………………………… 110

　3.4.1　発電機および制動機動作 ………………… 110

　3.4.2　電動機特性 …………………………………… 111

　3.4.3　比　例　推　移 ……………………………… 113

3.5　三相誘導電動機の運転 ………………………………… 114

　3.5.1　始　動　法 …………………………………… 114

　3.5.2　速度制御法 …………………………………… 116

3.6　特殊かご形誘導電動機 ………………………………… 118

　3.6.1　二重かご形誘導電動機 …………………… 118

　3.6.2　深みぞ形誘導電動機 ……………………… 119

3.7　単相誘導電動機 ………………………………………… 120

　3.7.1　原理と構造 …………………………………… 120

　3.7.2　各種単相誘導電動機 ……………………… 121

3章の問題 …………………………………………………… 124

目　　次　　　　ix

第4章

同　期　機　　　　127

- 4.1 同期機の構造と原理 ……………………………… 128
  - 4.1.1 同期機の構造 ………………………………… 128
  - 4.1.2 同期機の原理 ………………………………… 131
- 4.2 同期機の理論 ……………………………………… 137
  - 4.2.1 電機子反作用 ………………………………… 137
  - 4.2.2 非突極機の理論 ……………………………… 140
  - 4.2.3 突極機の理論 ………………………………… 147
- 4.3 同期機の特性 ……………………………………… 158
  - 4.3.1 同期発電機の特性 …………………………… 158
  - 4.3.2 同期電動機の特性 …………………………… 164
- 4.4 同期機の運転 ……………………………………… 166
  - 4.4.1 同期発電機の運転 …………………………… 166
  - 4.4.2 同期電動機の運転 …………………………… 172
- 4章の問題 ………………………………………… 174

問 題 解 答　　　　176

索　　引　　　　185

――――――――――――――

- 本書に掲載されている会社名，製品名は一般に各メーカーの登録商標または商標です．
- なお，本書では ^{TM}，Ⓡ は明記しておりません．

サイエンス社・数理工学社のホームページのご案内

http://www.saiensu.co.jp

ご意見・ご要望は　suuri@saiensu.co.jp　まで．

電気用図記号について

本書の回路図は，JIS C 0617 の電気用図記号の表記（表中列）にしたがって作成したが，実際の作業現場や論文などでは従来の表記（表右列）を用いる場合も多い．参考までによく使用される記号の対応を以下の表に示す．

	新 JIS 記号（C 0617）	旧 JIS 記号（C 0301）
電気抵抗，抵抗器		
スイッチ		
半導体 （ダイオード）		
接地 （アース）		
インダクタンス，コイル		
電源		
ランプ		

第0章

電気機器の基礎理論

　技術の進歩により，我々は機械エネルギーの他に熱エネルギー，光エネルギー，化学エネルギーなど様々な形態のエネルギーを利用できるようになった．これらのエネルギーは容易に電気エネルギーに変換することが可能である．しかも電気エネルギーはクリーンかつ安全性が高いエネルギーであり，現在は，地球規模の環境問題が生じていることなどから以前にも増して注目されているエネルギーである．

　各種エネルギーから電気エネルギーに，あるいはその逆に変換するときの機器を広い意味では電気機器と称するが，ここでは一般的に取り扱われているように，電気エネルギーと機械エネルギー間の変換を行うもの，あるいは電圧値を変えるなど電気エネルギー間の変換を行うものなど，狭い範囲での変換を行う機器を電気機器として取り扱うことにする．

　本章では，電気機器，電気機器の基礎原理，トルクについて述べる．

0.1 電気機器

電気機器は主としてエネルギーの形態を変換するために用いられ，電気エネルギーと機械エネルギーを相互に変換する回転機，電気エネルギーの状態を変える変圧器などがある．さらに広く見ると，交流を直流に変換する整流器や反対に直流を交流に変換するインバータなどの電力変換器，コンデンサや遮断器，避雷器なども含まれる場合がある．

電気機器は，前述したようにエネルギーの変換がその目的であり，変換時の入力と出力の比，効率は非常に重要である．電気機器は世界中で数多く使用されるものであり，今や車1台にも数十台もの回転機が搭載されている．したがって，1%の効率改善であってもその影響は莫大なものになる．電気機器の外観は単に鉄の塊のようにしか見えない場合があり，電磁音が聞こえたり，軸が回転し何かを回していたりするだけで，取り立ててすばらしい技術が使われているようには感じられないが，材料，設計，加工などどれをとっても先端の技術が駆使されている．現在では，ハイブリッド電気自動車（HEV）などの普及に伴って様々な新しいモータが開発されようとしている．

本書では，電気機器として変圧器（静止器）および回転機を取りあげる．

0.1.1 電気機器の分類

図0.1は，エネルギーの変換に用いられる電気機器の分類を示している．回転部分を持たない**静止器**と**回転機**に大きく分けることができる．さらに，回転機は直流機と交流機に分けられる．交流機の中で，**同期機**は回転磁界の速度（同

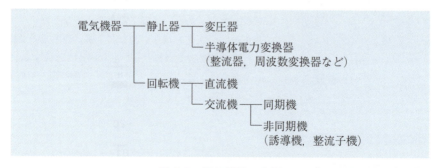

図0.1 電気機器の分類

期速度）で回転することにより求められる仕事をする機器であり，これに対して**誘導機**は**非同期機**に分類される．

図 0.2 は，変圧器，電動機，発電機におけるエネルギーの変換形態を示している．電気機器はエネルギーの変換を行うが，単に変換できればよいというわけではなく，常に高効率な変換を求められる．現在では，強力な磁力を有する希土類磁石を用いた高効率で小型な**永久磁石同期電動機**が広く使用されるようになってきている．

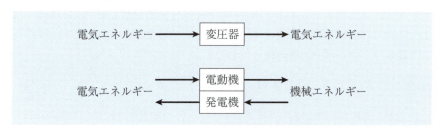

図 0.2　エネルギーの変換と電気機器

0.1.2　銘　　板

電気機器には，図 0.3 に示されているような**銘板**が取り付けられている．この銘板は**誘導電動機**のものである．これは小型のプレートに名称，形式，定格，製造業者名，製造番号などを記載したものである．**定格**は，その機器の指定された条件における保証された仕様，性能，使用限度などを表し，仕様や適正な使用方法を示す数字である．これらの値を**定格値**という．日本では，地域により周波数が 50 [Hz] と 60 [Hz] に分かれており，この例では両周波数に対応できることがこの銘板に示されている．

図 0.3　銘板

0.2 電気機器の基礎原理

電気機器を理解するためには，電磁気に関する基礎的なことを理解しておくことが必要である．電流によって発生する磁界と電磁力，さらに電磁誘導などについて法則を示しながら概説する．

0.2.1 電流による磁界の発生

無限長の導体に I [A] の電流を流すと，その周囲に図 0.4 のように円形の磁界が発生する．導体から半径 r [m] の磁界を表す磁力線上で微小な距離 dl [m] と，その点における磁界の強さ H [A/m] との内積をとり，磁力線上 1 周にわたり線積分（アンペアの周回積分）を行うと，次式が成り立つ．

$$\oint \boldsymbol{H} \cdot d\boldsymbol{l} = 2\pi r H = I \tag{0.1}$$

ただし，導線が n 本であり，その各々に I [A] の電流が流れている場合には，

$$\oint \boldsymbol{H} \cdot d\boldsymbol{l} = 2\pi r H = nI \tag{0.2}$$

となる．

図 0.5 のように磁束密度 B [T] の磁界中に導体を置き，電流 I [A] を流すとこれに力を生じる．単位長当たりの電磁力 $\boldsymbol{F}_n$ は

$$\boldsymbol{F}_n = \boldsymbol{I} \times \boldsymbol{B} \tag{0.3}$$

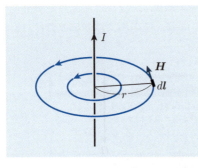

図 0.4　アンペアの周回積分の法則

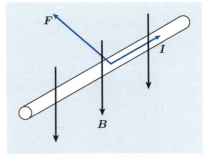

図 0.5　フレミングの左手の法則

I と B がなす角を θ とすれば，長さ l [m] の導体に働く力 F [N] は

$$F = IBl\sin\theta \tag{0.4}$$

となる．ここで，$\theta = \frac{\pi}{2}$ のときは

$$F = IBl \tag{0.5}$$

となる．左手の親指，人差し指（B），中指（I）を互いに直角に開けば親指が力（F）の方向を表す．これを**フレミングの左手の法則**と呼んでいる．

0.2.2 電磁誘導

これまで電流によって磁界が発生すること，さらに電磁力について述べた．次に，磁界が変化したときに回路にどんな変化が起こるか考える．図 0.6 のように磁束 ϕ [Wb] が回路と鎖交し，ϕ が時間的に変化する場合，この回路には磁束の変化に比例した起電力 e [V] が誘導される．これを**ファラデーの法則**と呼ぶ．なお，**誘導起電力**と磁束の方向を**右ねじ系**にとると，図 0.6 の場合における起電力の方向は，回路に鎖交する磁束の変化を妨げる方向となる．これを**レンツの法則**という．以上のことを式で表すと次式となる．

$$e = -\frac{d\phi}{dt} \tag{0.6}$$

回路が巻数 n のコイルである場合には，起電力は 1 つのコイルの n 倍になるので

$$e = -n\frac{d\phi}{dt} \tag{0.7}$$

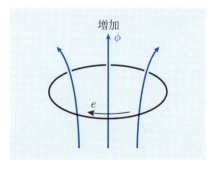

図 0.6　電磁誘導

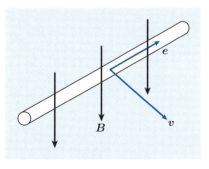

図 0.7　フレミングの右手の法則

次に，磁界中を導体が移動することを考える．この場合も磁束が変化することになる．図0.7のように磁束密度 B [T] の磁界中で導体が磁束との間に相対速度 v [m/s] をもって運動しているとき，単位長当たりの起電力 e_n [V] は次式となる．

$$e_n = v \times B \tag{0.8}$$

v と B がなす角を θ，磁束を切る導体の長さを l [m] とすれば，起電力 e [V] は

$$e = vBl\sin\theta \tag{0.9}$$

となる．ここで，$\theta = \frac{\pi}{2}$ のときは

$$e = vBl \tag{0.10}$$

となる．右手の親指（v），人差し指（B），中指を互いに直角に開けば中指が起電力（e）の方向を表す．これをフレミングの右手の法則と呼んでいる．

0.2.3 磁気回路

電気機器の動作を考える場合，磁束をその基本とする．電流が流れる回路を電気回路と呼ぶが，磁束が通る回路を**磁気回路**（あるいは磁路）と呼び，直流電気回路と対応して考えることができる．

図0.8では，磁性体に環状ソレノイド巻線を施し，電流 I [A] を流している．同図において，アンペアの周回積分により次式が求まる．

$$\oint \boldsymbol{H} \cdot d\boldsymbol{l} = 2\pi r H = nI$$

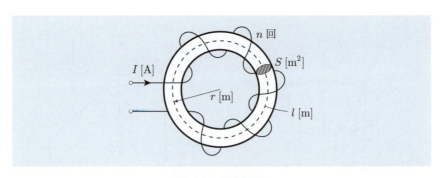

図 0.8 磁気回路

0.2 電気機器の基礎原理   **7**

$$H = \frac{nI}{2\pi r} \ [\text{A/m}] \tag{0.11}$$

これが鉄心部の磁界の強さとなる.

次に,磁束 ϕ [Wb] を求めると

$$\phi = BS = \mu HS = \frac{nI}{\frac{2\pi r}{\mu S}} = \frac{nI}{\frac{l}{\mu S}}$$

$$= \frac{F}{\mathcal{R}} \tag{0.12}$$

ここで,$nI = F$ を起磁力,$\frac{l}{\mu S} = \mathcal{R}$ を**磁気抵抗**(リラクタンス)という.なお,磁気抵抗の逆数 $\frac{1}{\mathcal{R}}$ はパーミアンスと呼ばれる.

さて,磁界 H に関係する I と磁束 ϕ は比例するので,この比例定数を**イ ンダクタンス** L [H] とすれば,$\phi = LI$ となる.巻線が n 回巻かれていれば,

$$n\phi = LI \tag{0.13}$$

したがって,**図 0.8** において巻線のインダクタンスは,

$$L = \frac{n\phi}{I} = \frac{\mu S n^2}{l} \tag{0.14}$$

電気回路と磁気回路の諸量の対比を**表 0.1** に示す.

表 0.1 磁気回路と電気回路の対応

電気回路		磁気回路	
電　流	I [A]	磁　束	ϕ [Wb]
起 電 力	E [V]	起 磁 力	F [A]
抵　抗	R [Ω]	磁気抵抗	$\mathcal{R}$ [A/Wb]
導 電 率	σ [S/m]	透 磁 率	μ [H/m]
電流密度	J [A/m^2]	磁束密度	B [T]

図 0.9 はエアギャップがある磁気回路を示しており,**図 0.10** のようにも示すことができる.実際には鉄心の全域に巻線が巻かれているものとする.(0.12) 式において鉄心部とエアギャップ部の磁気抵抗は異なることより,

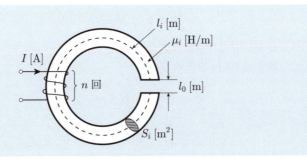

図 0.9 エアギャップを有する磁気回路 1

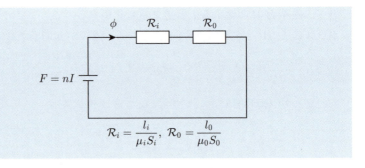

図 0.10 エアギャップを有する磁気回路 2

$$\phi = \frac{nI}{\frac{l_i}{\mu_i S_i} + \frac{l_0}{\mu_0 S_0}} \tag{0.15}$$

ただし，エアギャップ部の断面積を S_0，長さを l_0 としている．また，鉄心部の透磁率は μ_i であり，比透磁率は $\mu_r = \frac{\mu_i}{\mu_0}$ である．

$S = S_i = S_0$ と仮定すれば

$$\phi = \frac{\mu_0 nIS}{\frac{l_i}{\mu_r} + l_0} \tag{0.16}$$

これより巻線のインダクタンスは

$$L = \frac{\mu_0 n^2 S}{\frac{l_i}{\mu_r} + l_0} \tag{0.17}$$

となる．

0.3 トルク

　直線運動系における物体の変位と力の関係は，電動機のような回転運動系においては回転角とトルクの関係になる．**トルク**は回転力であり，回転半径とその先端に働く力の回転半径に垂直な成分との積で表される．図 0.11 に示すように，軸から r のところに働く力を F [N]，半径方向の成分 F_r，これに垂直な成分 F_v とすれば，トルク T [N·m] は次式で表される．

$$T = F_v r \qquad (0.18)$$

なお，1 [N·m] は $\frac{1}{9.8}$ [kgf·m] である．

　このトルクによって物体が θ [rad] 移動した場合，仕事 W [J] は次式となる．

$$W = T\theta \qquad (0.19)$$

　また，単位時間当たりの仕事はパワー（動力）P [J/s = W] であり，トルクとの関係は次のようになる．

$$P = \frac{dW}{dt} = T\frac{d\theta}{dt} = T\omega \qquad (0.20)$$

ここで ω は**回転角速度**である．

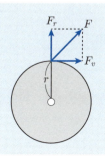

図 0.11　トルク

　電動機のトルクは，固定子・回転子間の磁界作用によって発生するので，エアギャップ部磁束密度の大小に依存する．しかし，鉄心には磁気飽和現象があり，磁束密度には当然限界がある．

　これまで述べてきたことは電気機器の動作や特性を考える上で重要な原理であり，十分理解することが必要である．

0章の問題

□ 0.1 図のように，面積 S [m²] である一巻のコイルが磁束密度 B [T] の平等磁界内で角速度 ω [rad/s] で回転しているとき，コイルに誘導される起電力 e [V] を求めよ．

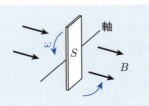

□ 0.2 磁束密度 B [T] が図のように発生しており，この磁界中に長さ l [m] の導体 ab をおき，これを右方向に動かしたとき，(1) 導体に発生する起電力の大きさ e，(2) 抵抗に流れる電流 I とその方向（①あるいは②）を求めよ．さらに，(3) このとき導体は左向きの電磁力を受けるが，この力の大きさ F を求めよ．

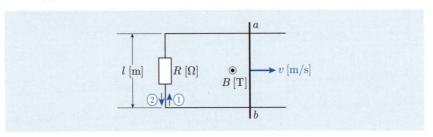

□ 0.3 図に示す磁気回路の全磁気抵抗 $\mathcal{R}$ [A/Wb] を求めよ．さらに，巻線のインダクタンスを求めよ．ただし，鉄心部の断面積および透磁率は一様であり，それぞれ S [m²]，μ_i [H/m] である．

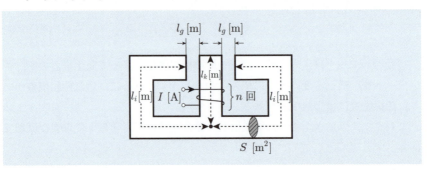

第1章

直 流 機

　後の章で説明する誘導機と同期機は交流で動作するため交流機と呼ばれるが，この章で扱う直流機は，その名称の通り直流で動作する装置であり，直流電力を生み出す直流発電機と直流電力を回転力に変換する直流電動機がある．

　直流機の制御は交流機に比べ容易であるため，古くから利用されてきた．ガソリン自動車の1号機は1800年代後半（明治初期）にダイムラとベンツによって開発されたが，それより10年ほど早く登場した実用的な電気自動車には直流電動機が使用されていた．交流電動機の制御技術が進歩した現在では，比較的容量の大きい直流電動機の用途は交流電動機に奪われつつあるが，小型の直流電動機は，制御装置が簡便であるため現在も様々な用途で使用されている．

1.1 直流機の原理と構造

1.1.1 直流発電機

直流磁界内でその磁界を横切るように導体を移動させると，導体には起電力が発生する．図 1.1(a) は，電磁石または永久磁石で N と S 極を作り，中央にコイルを置いたものである．直流磁界を作る磁石を**界磁極**または単に**界磁**といい，電磁石を用いる場合，その巻線を**界磁巻線**，流れる電流を**界磁電流**という．また，中央に置かれたコイルは**電機子コイル**または**電機子巻線**という．コイルは，図中の回転軸を中心に回転できるように作られている．コイルの 2 つの端子は，スリップリングを介してブラシ B_1 と B_2 に接続されている．このコイルを一定の角速度 ω で回転させると，コイルの導体 ab と cd には図 1.2(a) のように $\omega\cos\omega t$ に比例した起電力 e がそれぞれの導体に誘導される．導体 ab と cd は直列に接続されているので，ブラシ B_1–B_2 間で観測される起電力の大きさは図 1.2(b) のように 2 倍になる．これは単相交流の発生原理であるが，この交流電圧を直流として取り出すために直流発電機では図 1.1(b) に示すような**整流子**を設ける．整流子はコイルとともに回転するので，ブラシが接触する整流子は，コイルが 180° 回転するごとに切り替わり，ブラシ B_1–B_2 間で観測

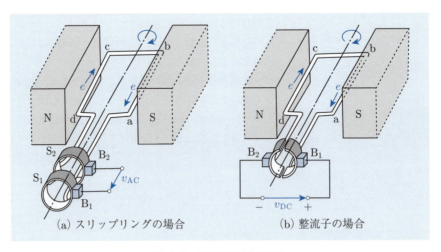

図 1.1　直流発電機の原理

1.1 直流機の原理と構造

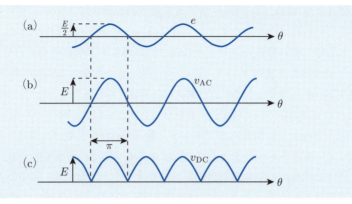

図 1.2 整流子による整流作用

される電圧波形は図 1.2(c) のようになる．電圧波形は大きく脈動するが広い意味での直流電圧が得られる．

例題 1.1

図 1.1(a) のコイルが，$1500\,\mathrm{min}^{-1}$ で回転しているとき，コイルの誘導起電力と周波数を求めよ．ただし，コイルの回転軸方向の長さ l を $10\,\mathrm{cm}$，回転半径 $\frac{D}{2}$ を $2\,\mathrm{cm}$，界磁極によって発生する磁束密度は平等磁界でその大きさは $B = 0.5\,\mathrm{T}$ とする．

【解答】 磁束密度 B と垂直な方向の導体速度 $v_\perp$ は

$$v_\perp = \frac{D}{2}\omega_m \cos\omega_m t$$

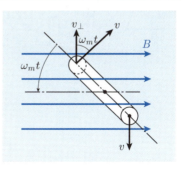

よって 2 つの導体に誘導される起電力は

$$e = 2 \times v_\perp Bl = 2\frac{D}{2}\omega_m \cos\omega_m t \cdot B \cdot l$$
$$= 2 \times 0.02 \times 0.5 \times 0.1 \times \omega_m \cos\omega_m t$$
$$= 2 \times 10^{-3} \times \omega_m \cos\omega_m t$$

ここで，回転数を $n = 1500\,[\mathrm{min}^{-1}]$ とすると $\omega_m = \dfrac{n}{60} \times 2\pi = \dfrac{1500}{60} \times 2\pi = 50\pi$
極数は 2 であるから角周波数 ω は $\omega = \omega_m = 2\pi f$

よって周波数 f は $f = 25\,[\mathrm{Hz}]$ である．

図 1.1 の例は，導体数が 2 の最も基本的な構成であるが，電圧の脈動を低減するためには導体数を増やす．図 1.3(a) の例では，回転子に 4 つのスロットを設け，それぞれのスロットには 2 つの導体が二層に納められている．このような巻線を**二層巻**という．この例では，コイル数は 4，導体数は 8 である．図 1.3(a) にはブラシと整流子および各導体との接続が描かれている．図中の + と − がブラシ，1〜4 が整流子，C1〜C4 と C1′〜C4′ が導体である．図 1.3(b) は図 1.3(a) を展開した図であるが，図 1.3(b) が回転子がある一定速度で回転しているときの瞬間をとらえた図であるとすると，導体 C2, C4′, C4, C2′ には図中に示した矢印の方向に起電力が発生する．このとき，図中の YY′ 線上にある導体 C1, C3′, C3, C1′ には起電力は生じない．YY′ 線は**中性軸**と呼ばれ，後で述べる電機子反作用を無視すれば，中性軸上では界磁磁束はゼロになるため導体に起電力は誘導されない．

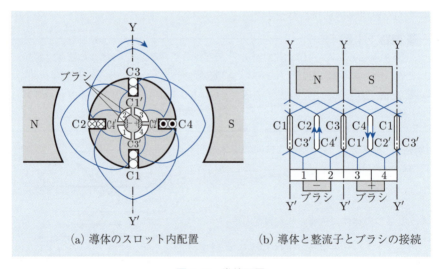

図 1.3　巻線配置

1.1 直流機の原理と構造

図 1.4 は，図 1.3 の例においてブラシ，整流子，導体が作る回路を図示したものである．$\boxed{-}$ と $\boxed{+}$ はブラシ，$\boxed{1}$～$\boxed{4}$ は整流子，C1～C4 と C1′～C4′ は導体である．図 1.4(a) の場合，$\boxed{-}$ と $\boxed{+}$ のブラシ間には C4′ と C4 の直列回路と C2 と C2′ の直列回路が並列に接続された回路が構成される．C1 と C1′ は $\boxed{-}$ ブラシと整流子 $\boxed{1}$ と $\boxed{2}$ で短絡され，C3′ と C3 は $\boxed{+}$ ブラシと整流子 $\boxed{4}$ と $\boxed{1}$ で短絡されるが，上述したようにこれらの導体には起電力は発生しないため短絡電流が流れることはない．

図 1.4(b) は，同図 (a) の場合に対して回転子が $\frac{\pi}{2}$ 回転したときに構成される回路である．このとき，起電力が誘導される導体は C3′, C3, C1, C1′ に代わり，その電圧 e' は，C4′, C4, C2, C2′ に誘導される電圧 e より位相が $\frac{\pi}{2}$ 遅れる．よって，ブラシ間に現れる電圧波形は図 1.5 の実線で描いた波形になり，脈動は低減する．導体数をさらに増やせば，脈動をより低減でき，ブラシ間の電圧をより大きくすることもできる．

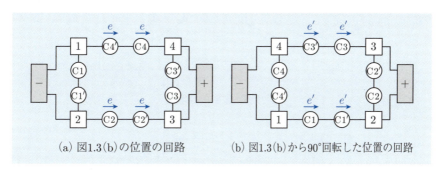

(a) 図1.3(b)の位置の回路　　(b) 図1.3(b)から90°回転した位置の回路

図 1.4　ブラシと整流子と導体が作る回路

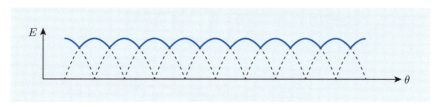

図 1.5　複数コイルによる起電力

以上では 2 極機について説明したが，界磁極数を 4 にし，ブラシの数は極数と同じでなければならないのでこれも 4 にすれば 4 極機になる．また，図 1.3 の例は**重ね巻**と呼ばれる巻線であるが，この他に図 1.6 に示した**波巻**がある．並列回路数は，重ね巻では極数と同じ，波巻では極数に無関係に 2 になる．

図 1.7 は，2 極機の基本的な全体構図を示す断面図である．固定子には N と S 極を作る界磁極がある．小容量機では，界磁に永久磁石が用いられるが，容量が大きくなると鉄心に巻線を巻いた界磁極が用いられる．回転子は上述した重ね巻や波巻の電機子巻線と整流子で構成されている．

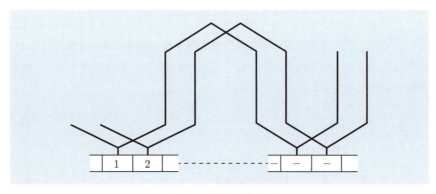

図 1.6　波巻の概念図

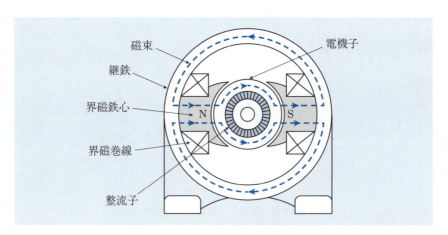

図 1.7　直流機の全体構成図

例題 1.2

図 1.3 で示されている直流機について，回転子位置が 45° と 135° の位置にあるときのブラシと整流子と導体が作る回路を図 1.4 に倣い描け．ただし，図 1.3(a) に示した回転子位置が 0° とする．

【解答】

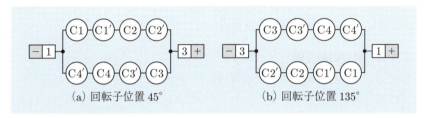

(a) 回転子位置 45°　　　　(b) 回転子位置 135°

1.1.2 直流電動機

発電機ではブラシから延びる端子に負荷を接続したが，電動機では直流電源が接続され，ブラシ，整流子および電機子巻線の構成は発電機と全く同じである．

図 1.8 の 2 極機の例では，電源から流入する電流はブラシと整流子を介して同図に示した向きにコイル導体に流れる．界磁極によって N 極から S 極に向か

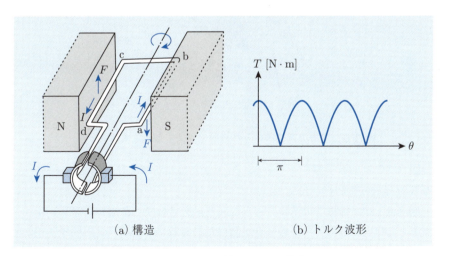

(a) 構造　　　　(b) トルク波形

図 1.8　直流電動機の原理と構造

う磁界が発生しているので，導体 ab には下方向に導体 cd には上方向に力が働き，回転子を時計方向に回転させる．導体に流れる電流の向きは，整流子の作用によって回転子が 180° 回転するごとに反転し，回転子が同じ方向に回転を持続するようにトルクが発生する．図 1.8(a) のような導体数が 2 つの場合，発電機において電圧が脈動したのと同様に，トルクも同図(b) のように脈動するが，導体数を増やすことによってトルク脈動を低減することができる．導体を増やすための電子機巻線構成も発電機と同じである．

1.1.3 実際の直流機

図 1.9 は実際の 4 極の直流機を図示したものである．固定子の一部をカットして内部の構成がわかるように描かれている．電機子と整流子で構成される回転子にシャフトを通し，そのシャフトが固定子の軸受けに取り付けられている．

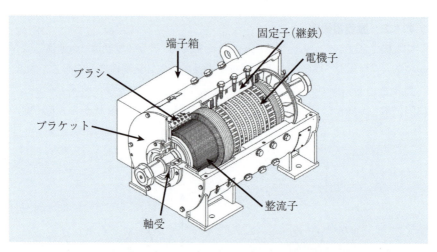

図 1.9 実際の直流機の全体構造（提供：富士電機株式会社）

図 1.10 は回転子の写真である．図 1.9 とは左右が反対になっているので，写真の右側が整流子である．

図 1.11 は，電機子コイルを示した図と写真である．図(a) は角線を用いた**型巻**と呼ばれる巻線で，その写真が図(c) である．コイル一つひとつが絶縁されスロットには 2 層に整列して納められている．図(b) は**乱巻**と呼ばれ，コイルには丸線が用いられている．こちらも各コイルは絶縁されているが，型巻と

1.1 直流機の原理と構造

図 1.10　実際の直流機の回転子（提供：富士電機株式会社）

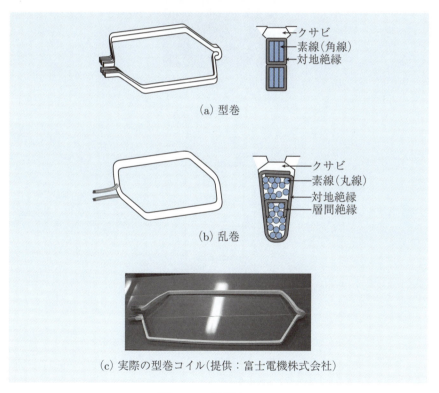

図 1.11　電機子コイル

は異なり，コイルは同図に示すように乱雑にスロットに納められている．

図 1.12(a) と (b) は，整流子の写真と構造を示す断面図である．一般的な構造では，各整流子は絶縁されてスリーブに固定され，締め付け環で固定される．

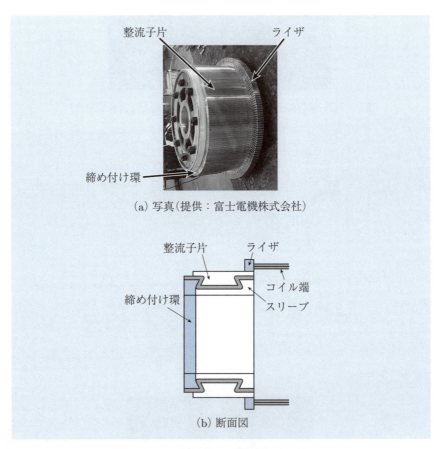

図 1.12 整流子

1.2 直流機の理論

1.2.1 直流発電機

(1) 起電力

図 1.10 の写真からわかるように,実際の直流機の電機子巻線は数多くの導体で構成されている.そこで,図 1.13 に示すように,電機子巻線を回転子の周上に導体を配置した筒状の導体群と考える.ブラシは便宜上,界磁極の中心軸 YY′ 上に描かれている.図 1.13 の例では,回転子の回転方向は時計方向であるので,電機子導体に誘導される起電力の向きは図中の⊗と⊙で示した方向になる.この起電力は,導体が界磁磁束を横切ることによって発生する.図 1.14 は,エアギャップにおける界磁磁束密度の分布を示した図である.この磁束密度の 1 極分の平均値を B_a とすると,1 つの導体に誘導される起電力は次のように表される.

$$e = vB_a l \tag{1.1}$$

ここで,v [m/s] は導体の移動速度,l [m] は導体長である.また,回転子の回転速度を角速度 ω_m [rad/s] で表し,回転子の直径を D [m] とすると,導体の移動速度は

$$v = \frac{D}{2}\omega_m \ [\text{m/s}] \tag{1.2}$$

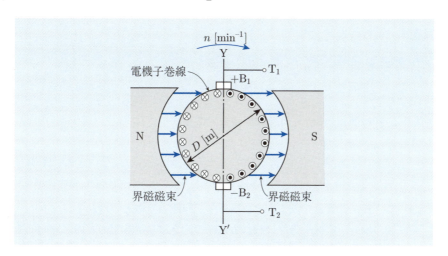

図 1.13 電機子電流と界磁磁束の向き

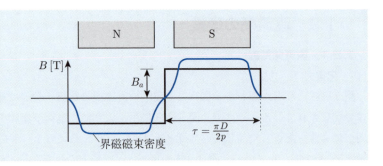

図 1.14 界磁磁束密度分布

であるから，これを (1.1) 式に代入し次式が得られる．

$$e = \frac{D}{2}\omega_m B_a l \tag{1.3}$$

図 1.14 からわかるように，極対数を p とすると回転子の 1 極分の周長は $\frac{D\pi}{2p}$ であるから，1 極分の界磁磁束を Φ とすると磁束密度の平均値 B_a は

$$B_a = \frac{2p\Phi}{D\pi l} \tag{1.4}$$

として表すことができ，上式を (1.3) 式に代入して次式が得られる．

$$e = \frac{p}{\pi}\Phi\omega_m \tag{1.5}$$

上式は 1 つの導体に誘導される起電力であるから，ブラシ間に現れる起電力 E は次式で得られる．

$$E = \frac{p}{\pi}\Phi\omega_m \times \frac{Z}{a} = \frac{pZ}{a\pi}\Phi\omega_m = K_E \Phi\omega_m \tag{1.6}$$

ただし，Z は導体総数，a は並列回路数であり，

$$K_E = \frac{pZ}{a\pi} \tag{1.7}$$

とおいた．K_E は構造で決まる定数であり，**起電力定数**と呼ばれる．

　発電機の場合，電機子巻線に流れる電流の向きは誘導起電力と同じ方向であるから，後で述べる電機子反作用やブラシによる電圧降下を無視すれば，起電力

1.2 直流機の理論

E から電機子巻線抵抗による電圧降下を差し引けば出力電圧 V になる．よって電圧方程式は

$$V = E - R_a I_a \tag{1.8}$$

となる．ここで R_a は端子 T_1 と T_2 から見た電機子巻線抵抗，I_a は端子 T_1 から流出する電機子電流である．出力 P_o は (1.8) 式の両辺に電機子電流 I_a をかけて

$$P_o = V I_a = E I_a - R_a I_a^2 \tag{1.9}$$

となる．

図 1.15(a) は，直流発電機の界磁と電機子の接続を示す図であるが，等価回路は同図(b)のように表現される．

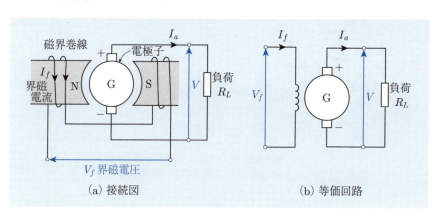

図 1.15　直流発電機の接続と等価回路

■ 例題 1.3

図 1.3 の直流発電機の起電力定数 K_E を求めよ．

【解答】　導体総数 Z は 8，極数は 2（極対数 $p = 1$）の重ね巻であるから並列回路数は極数と等しく $a = 2$ である．よって

$$K_E = \frac{pZ}{a\pi} = \frac{1 \times 8}{2\pi} = \frac{4}{\pi}$$

(2) 電機子反作用

図 1.16(a) は界磁電流のみによる磁束の流れ（左図）とエアギャップ磁束密度分（右図は図 1.14 と同じ）を示している．次に，電機子電流のみが流れる場合，電機子巻線の各導体電流によって発生する起磁力の合成は図 1.17 のようにほぼ三角波と考えることができる．よって，エアギャップ磁束密度の分

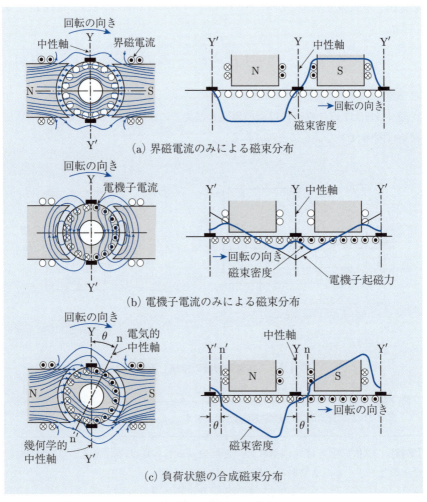

(a) 界磁電流のみによる磁束分布

(b) 電機子電流のみによる磁束分布

(c) 負荷状態の合成磁束分布

図 1.16　直流発電機の電機子反作用

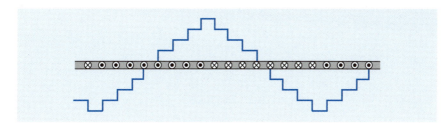

図 1.17　電機子電流による起磁力

布は，図 1.16(b) の右図のようになる．中性軸上で磁束密度が小さくなっているのは，中性軸には界磁鉄心がなく，磁気抵抗が大きいためである．

界磁電流と電機子電流の両方が流れる場合は，図 1.16(a) と (b) を合成すればよい．結果は図 1.16(c) のようになる．図からわかるように，エアギャップ磁束密度がゼロになる位置は YY′ 軸から nn′ 軸に移動する．したがって，YY′ 軸上の導体には起電力が発生するようになり，nn′ 軸上の導体には起電力は発生しない．このように，電機子電流が磁束分布に与える影響を**電機子反作用**といい，YY′ 軸を**幾何学的中性軸**，nn′ 軸を**電気的中性軸**という．

原理で説明したように，ブラシの位置にある導体はブラシと整流子を介して短絡されるため，幾何学的中性点にブラシがある場合，短絡された導体には電機子反作用の影響により起電力が発生し短絡電流が流れる．そのため，回転子が回転し短絡されていたコイルが開放されるとき，ブラシと整流子間に火花が発生してそれらを破損することがある．

エアギャップ磁束密度分布は，図 1.18 に示した磁極の中心軸 AA′ に対して非対称になるため，電機子電流 I_a が大きくなると，磁極鉄心の一部（図中の R 部）が磁気飽和を起こす．その結果，磁束の増加分（面積 abca）は磁束の減少分（面積 adea）を補うことができず，磁束は減少して出力電圧 V は減少する．

ブラシの移動　図 1.19(a) のようにブラシを回転子の回転方向に移動すると，電機子磁束（電機子電流による磁束）ϕ_a を発生する起磁力 F_a の向きも変わる．この起磁力 F_a と界磁磁束 ϕ_f を発生する起磁力 F_f および F_a と F_f の合成起磁力である F について，それらの向きと大きさの関係をベクトルで表したものが図 1.19(b) である．F_a は F_f に対して垂直にはならないため，F_f 方向の

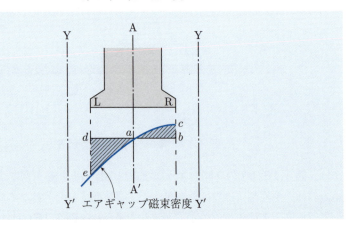

図 1.18 磁極の磁気飽和による主磁束の減少

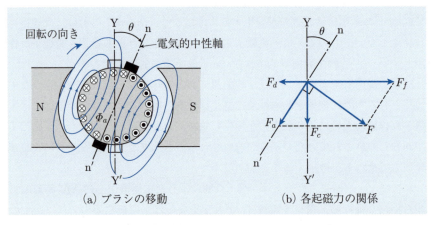

(a) ブラシの移動　　(b) 各起磁力の関係

図 1.19 直流発電機のブラシの移動とその効果

成分 F_d と F_f に垂直な成分 F_c に分けられる．F_d は F_f を減少させるように働くため，この働きを**減磁作用**といい，F_d は**減磁起磁力**という．F_c については，合成起磁力 F を F_f の方向から逸らすように働き，これを**交さ磁化作用**といい，F_c を**交さ起磁力**という．

整流子とブラシ間に火花が発生しないようにするためには，合成起磁力 F とブラシ軸が直交するようにブラシ位置を決めればよい．このようにすれば電気

的中性軸とブラシ軸が一致し，短絡されるコイルに起電力が発生するのを防ぐことができる．しかし，負荷が変化し電機子電流が変化すると電機子起磁力 F_a も変化するため，電気的中性軸はブラシ軸からずれることになる．したがって，負荷が変化する用途に対しては有効ではない．よって，この方法は負荷変化が小さく，かつ小容量の直流機に採用される．

負荷変化のある用途や大容量の直流機には，後で述べる補極や補償巻線を設けて，電機子反作用を打ち消す方法がとられる．

補極と補償巻線　短絡されるコイルに起電力を誘導する磁束を打ち消すために，補助的な磁極を設ける方法がある．この磁極は**補極**と呼ばれ，図 1.20 に示したように，界磁極間の中央に配置される．また，補極だけでは電機子反作用による磁束密度分布の不均一を補正することができないため，界磁極の先端に巻線を設け電機子磁束を打ち消す方法もある．この巻線を**補償巻線**といい，これも図 1.20 に描かれている．補極巻線と補償巻線は電機子巻線と直列に接続されるので，負荷の変化，つまり電機子電流の変化に合わせて補極と補償巻線で発生する磁束は変化する．よって，負荷の変化に応じて電機子反作用を打ち消すことができる．

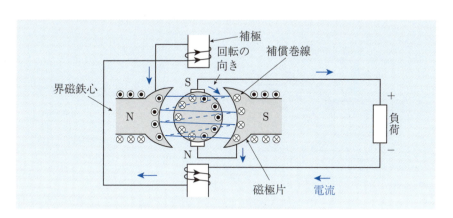

図 1.20　補極と補償巻線

1.2.2 直流電動機

(1) トルク

電動機では，電機子巻線に誘導される起電力と逆方向に電機子電流が流れる．つまり，図 1.21(a) の例では⊗と⊙で示した向きになる．よって，1 導体には，次のトルクが働く．

$$T' = \frac{I_a}{a} B_a l \times \frac{D}{2} \tag{1.10}$$

ここで，I_a は電機子電流，B_a, l, a, D は，発電機の場合と同様に，界磁磁束密度の平均値，1 導体の長さ，並列回路数，回転子直径である．B_a は発電機の場合と同様に (1.4) 式で表されるので，導体総数を Z とすると，回転子に働くトルクは

$$T = \frac{I_a}{a} \frac{p\Phi}{\pi} \times Z = \frac{pZ}{a\pi} \Phi I_a \tag{1.11}$$

ここで，

$$K_T = \frac{pZ}{a\pi} \tag{1.12}$$

とおくと，

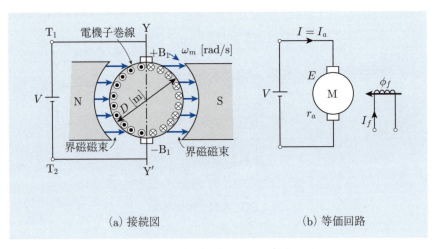

(a) 接続図　　(b) 等価回路

図 1.21　直流電動機の接続と等価回路

$$T = K_T \Phi I_a \tag{1.13}$$

上式中の K_T は**トルク定数**と呼ばれ，発電機における起電力定数 K_E と同じになることがわかる．したがって，トルクは

$$T = K_T \Phi I_a = K_E \Phi \omega_m \frac{I_a}{\omega_m} = \frac{EI_a}{\omega_m} = \frac{P}{\omega_m} \tag{1.14}$$

と表すことができ，$P = EI_a$ が機械エネルギーに変換される電力であることがわかる．

電動機の電圧方程式は

$$V = E + R_a I_a \tag{1.15}$$

と表すことができ，等価回路は**図 1.21(b)** となる．ここで，(1.15) 式の電圧方程式の E を左辺におく形に移項して両辺に I_a を掛けると

$$EI_a = VI_a - R_a I_a^2 \tag{1.16}$$

となり，$P = EI_a$ は入力電力から電機子巻線の銅損を差し引いた出力電力であることが電圧方程式からもわかる．

■ **例題 1.4** ■

例題 1.1 の解答の図のコイルに直流電源を接続したときコイルに 1.0 A の電流が流れた．このとき発生するトルクの最大値を求めよ．

【解答】　トルクの最大値は

$$\begin{aligned}
T &= IBl_a \times \frac{D}{2} \times 2 \\
&= 1.0 \times 0.5 \times 0.1 \times 0.02 \times 2 \\
&= 2 \times 10^{-3} \ [\mathrm{N \cdot m}]
\end{aligned}$$

30   第 1 章 直 流 機

■ **例題 1.5** ■

　直流機を回転数 $1500\,\mathrm{min}^{-1}$ で回転させたときの誘導起電力は $100\,\mathrm{V}$ であっ
た．この直流機を電動機として運転し，$1.0\,\mathrm{N \cdot m}$ のトルクを発生するのに必要
な電機子電流を求めよ．ただし，界磁磁束に変化はないとする．

【解答】

　　起電力は　$E = K_E \phi \omega_m$

　　トルクは　$T = K_T \phi I_a$

また，$K_E \phi = K_T \phi$ であるから，

$$I_a = \frac{T}{K_T \phi} = \frac{T}{K_E \phi} = \frac{T \omega_m}{E}$$

回転数を $n\,[\mathrm{min}^{-1}]$ とすると

$$I_a = \frac{T}{E} \times \frac{n}{60} \times 2\pi = \frac{1.0}{100} \times \frac{1500}{60} \times 2\pi = 1.57\,[\mathrm{A}]$$　　■

(2)　電機子反作用

　電動機では，誘導起電力と逆向きに電機子電流が流れることをすでに説明し
た．そのため，電機子電流によるエアギャップ磁束密度分布は，発電機のそれ
とは正負逆になり，**図 1.22(a)** のようになる．結果として，負荷運転状態の
とき，つまり，界磁電流と電機子電流の両方が流れるときは**図 1.22(b)** のよ
うな磁束密度分布になる．図からわかるように，発電機とは異なり電気的中性
軸は回転方向とは逆方向に移動する．

　したがって，ブラシの移動によって整流子とブラシ間の火花の発生を防ぐた
めには，**図 1.23(a)** のように回転方向とは逆にブラシの位置を移動させること
になる．発電機について説明したときと同様に，各起磁力ベクトル F_a, F_f, F,
F_d, F_c の関係を図示すると**図 1.23(b)** のようになり，F_a と F_f の合成起磁力
である F の向きが電気的中性軸と垂直になるようにブラシ位置を決めれば，電
気的中性軸とブラシ軸が一致し，火花の発生を防ぐことができる．

　補極と補償巻線についても発電機と同様の役割を果たすが，補極巻線および
補償巻線に流れる電流は，発電機の場合とは逆になるように接続される．

1.2 直流機の理論

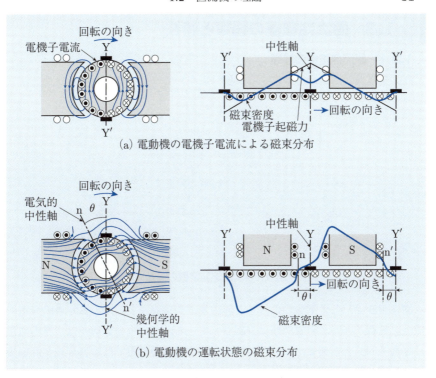

(a) 電動機の電機子電流による磁束分布

(b) 電動機の運転状態の磁束分布

図 1.22 直流電動機の電機子反作用

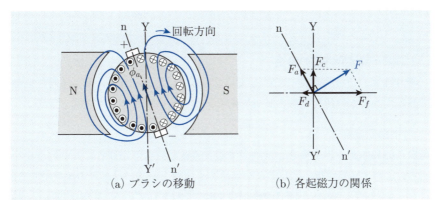

(a) ブラシの移動　　(b) 各起磁力の関係

図 1.23 直流発電機のブラシの移動とその効果

1.3 直流発電機の種類と特性

1.3.1 直流発電機の種類

直流発電機は，励磁方式によって図 1.24 のように分類される．

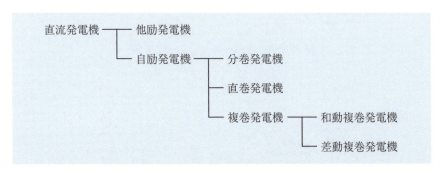

図 1.24　直流発電機の分類

図 1.25 は，各発電機の電機子と界磁巻線の接続を表している．自励発電機では，電機子回路と界磁回路は分離されているが，自励発電機では，界磁回路は電機子回路と並列または直列に接続され，複巻発電機では並列接続と直列接続の両方の界磁巻線が設けられている．電機子回路と並列な界磁巻線を**分巻界磁**，直列な界磁回路を**直巻界磁**という．複巻発電機において，直巻界磁の磁束が分巻界磁の磁束を強めるように構成されるものが和動式，弱めるように構成されたものが差動式である．

1.3.2 直流発電機の特性

表 1.1 は，直流発電機における諸量を示している．それらの関係を特性曲線で表したものが直流発電機の特性である．主なものは表 1.2 の通りである．

(1) 他励発電機

<u>無負荷飽和曲線</u>　界磁極を一度励磁すると残留磁束密度が残る．この残留磁束密度によって，界磁電流を流さない場合でも電機子巻線には起電力が発生する．これを**残留電圧**といい，図 1.26 では OO′ で示されている．この状態から I_f を徐々に増加させると起電力も増加するが，界磁電流 I_f が大きくなると磁極の磁気飽和のために誘導起電力 E の上昇率は低下し O′AS のような飽和特性を

1.3 直流発電機の種類と特性

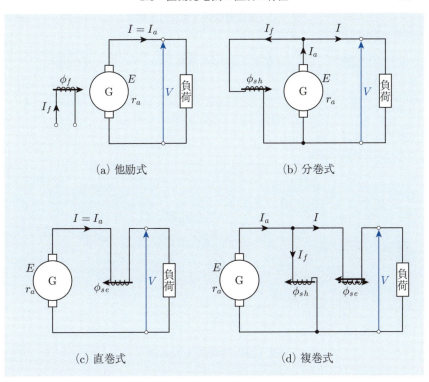

図 1.25 直流発電機の種類

表 1.1 直流発電機における諸量

記号	名称	単位
V	端子電圧	V
E	無負荷誘導起電力（単に，誘導起電力）	V
I	負荷電流	A
I_a	電機子電流	A
I_f	界磁電流	A
ϕ_{sh}	分巻界磁磁束	Wb
ϕ_{se}	直巻界磁磁束	Wb
n, ω_m	回転速度，回転角速度	$\min^{-1}$, rad/s

表 1.2 直流発電機の主な特性曲線

名称	特性
無負荷飽和曲線	定格速度で無負荷運転したときの I_f と E の関係
負荷飽和曲線	I と n を定格値に保って運転したときの I_f と V の関係
外部特性曲線	I, V, n が定格値になるように I_f を調整した後の負荷の変化に伴う I と V の関係
電機子特性曲線（または界磁調整曲線）	V と n を一定に保って運転したときの I と I_f の関係

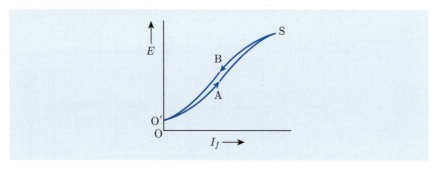

図 1.26 無負荷飽和曲線

示す．その後 I_f を減少させると E は SBO′ のような曲線を描き減少する．これは鉄心の磁気特性がヒステリシス特性を持つためである．同じ I_f に対して，上昇時と下降時で E の値が異なるが，一般にはその平均値を用いて描いた特性曲線を**無負荷飽和曲線**という（図 1.26）．

負荷飽和曲線　電機子電流 I_a が流れると，電機子反作用が発生し図 1.19(b) に示した減磁起磁力 F_d が発生する．界磁電流 I_f による起磁力を F_f とすると，負荷運転時の誘導起電力を生じる起磁力は $F_f - F_d$ であり，これを界磁巻線の巻数で割ったものを**有効励磁電流**という．

図 1.27 に示した曲線 L は負荷飽和曲線の例であるが，OC は端子電圧 VC を生じる界磁電流，OB は有効励磁電流に相当し，有効励磁電流による無負荷誘導起電力が EB である．VC を延長して無負荷飽和曲線と交わる点が D であるが，E から DC に垂線 EA を引けば，DA は電機子反作用の減磁作用による誘導起電力の減少分で，AV は電機子，補極，補償巻線の巻線抵抗およびブラシの電圧

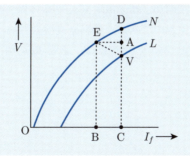

図 1.27 負荷飽和曲線

降下である．

　他励発電機では，電機子電流 I_a と負荷電流 I は同じものであるから，I を一定に保つことは I_a を一定に保つことになる．I_a が一定の場合，減磁起磁力および電機子巻線，補極巻線，補償巻線，ブラシの電圧降下は変化しないと見なせるので，図中の直角三角形 EAV の形と大きさも一定である．よって，負荷飽和曲線は，無負荷飽和曲線を EV だけずらしたものになる．

外部特性曲線　外部特性は，負荷電流 I（他励発電機では $I = I_a$）と端子電圧の関係を示すものである．端子電圧 V は，無負荷誘導起電力から各巻線（電機子巻線，補極巻線，補償巻線）の電圧降下とブラシ電圧を引いたものであるから，I の増加とともに V は減少し図 1.28 のような特性になる．

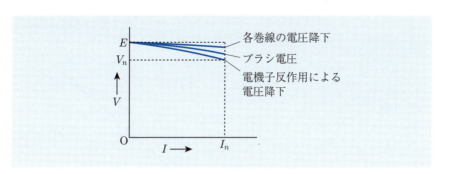

図 1.28 外部特性曲線

電機子特性曲線 この特性は，端子電圧 V を一定に保つときの負荷電流 I と界磁電流 I_f の関係を示すものである．他励発電機の外部特性曲線は図 1.28 のように，V は I の増加に伴い低下するため，I と I_f の関係は図 1.29 のようになる．

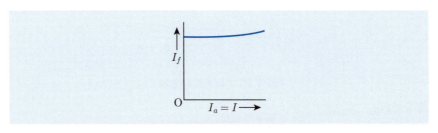

図 1.29 電機子特性曲線

(2) 分巻発電機

自己励磁による電圧の確立 分巻発電機では，界磁電流を調整するために図 1.30 のように界磁巻線と直列に可変抵抗 RF が挿入される．これを**界磁調整器**という．ここで，界磁巻線抵抗を R_f，RF の抵抗を R_r とすると，端子電圧 V と界磁電流 I_f の関係は

$$V = (R_f + R_r)I_f \tag{1.17}$$

分巻発電機を他励発電機とした場合の無負荷飽和曲線から電機子に生じる電圧降下を引いた特性曲線を図 1.31 の曲線 O'S とすると，端子電圧は (1.17) 式を

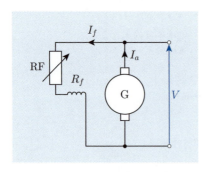

図 1.30 分巻発電機の接続

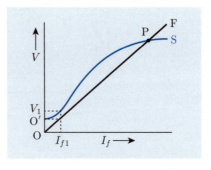

図 1.31 電圧の確立と界磁抵抗線

1.3 直流発電機の種類と特性

満足するように決まるため,傾きが $(R_f + R_r)$ の直線 OF と曲線 O'S の交点 P が分巻発電機の動作点になる.OF を **界磁抵抗線** という.

端子電圧が曲線 O'S に沿って O' から P まで上昇する過程は次の通りである.図 1.31 の OO' は,他励発電機で説明した残留電圧であるが,この電圧によって同図中に示した界磁電流 I_{f1} が流れる.そして I_{f1} は電圧 V_1 を発生する.V_1 は I_{f1} より大きい界磁電流を流し,電圧もさらに上昇する.このような作用が繰り返し起こり点 P に到達する.

無負荷特性曲線　界磁抵抗器の抵抗 R_r を変えれば,図 1.32 のように界磁抵抗線の傾きが変化し,端子電圧は点 P_1, P_2 のように曲線 O'S で変化する.よって,曲線 O'S が分巻発電機の無負荷特性曲線であることがわかる.

界磁抵抗線が図中の OF_3 のように無負荷特性曲線の直線部分と重なる場合,交点が一意に定まらず電圧は不安定になる.この OF_3 に対応する界磁回路の抵抗を **臨界抵抗** という.分巻発電機の無負荷特性曲線は,他励発電機の無負荷飽和曲線とほぼ同じになるが,分巻発電機の界磁調整器による電圧調整は,界磁回路抵抗が臨界抵抗以下の範囲で行われる.

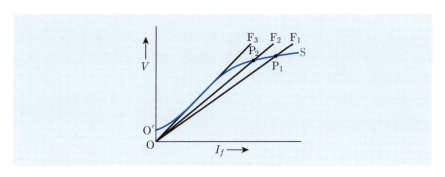

図 1.32　無負荷特性曲線

外部特性曲線　図 1.33 の曲線 AB が分巻発電機の外部特性曲線である.横軸は電機子電流,縦軸は端子電圧である.直線 OF は端子電圧が OC になるときの界磁抵抗線である.電機子電流 I_a,界磁電流 I_f,負荷電流 I の関係は $I_a = I_f + I$ であるから,CD の長さが界磁電流,DG の長さが負荷電流の大きさを示している.破線で表した曲線 BS の点 S は,分巻発電機の端子を短絡して運転した場合の短絡電流である.

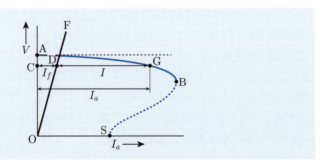

図 1.33　外部特性曲線

(3) 直巻発電機

自己励磁　直巻発電機では，図 1.34 のように，負荷，電機子，界磁は直列に接続され，それぞれに流れる電流は同じであるから，無負荷では界磁電流は流れない．よって，端子間に現れるのは残留電圧のみである．つまり，他励発電機や分巻発電機のような無負荷特性曲線は存在しない．しかし，負荷を接続して運転すれば，発電機内部では自己励磁によって図 1.35 の O'N のように負荷電流の増加に伴い上昇する起電力が発生する．図中の O'N は他励発電機とした場合の無負荷特性曲線であるが，電機子巻線抵抗 r_a と界磁巻線抵抗 r_f の和を R_e，負荷抵抗を R_L とするとき，直巻発電機の動作点は直線 $(R_e + R_L)I$ と O'N の交点になる．負荷電流が変化すると，動作点は曲線 O'N 上を移動するから，直巻発電機の内部では，他励発電機とした場合の無負荷特性と同様の起電力が発生している．

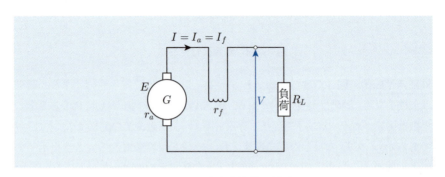

図 1.34　直巻発電機の接続

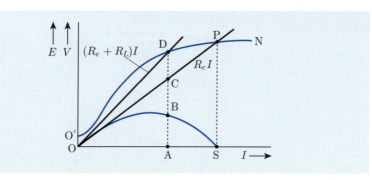

図 1.35 自己励磁と外部特性曲線

外部特性曲線 図 1.35 には直線 $R_e I$ も描かれている．$(R_e + R_L)I$ と $R_e I$ の差が負荷の電圧，つまり発電機の出力電圧であるから，負荷電流の大きさが OA のとき，DC が出力電圧の大きさになる．R_e 一定であるから直線 $R_e I$ の傾きは変化しないが，負荷電流を変えるために R_L を変えると直線 $(R_e + R_L)I$ の傾きは変化する．したがって各負荷電流における DC の大きさも変化する．その変化を示したのが曲線 OS であり，直巻発電機の外部特性曲線である．$R_e I$ は負荷抵抗 R_L をゼロにしたときの直線であるから，PS は出力端子を短絡したときの誘導起電力である．

(4) 複巻発電機

複巻発電機には和動複巻と差動複巻がある．分巻界磁磁束と直巻界磁磁束が同方向に発生するのが和動，直巻界磁磁束が分巻界磁磁束を弱める方向に働くのが差動である．

分巻発電機では，端子電圧は負荷の増加とともに減少するが，和動複巻発電機では直巻界磁磁束が増加するため，分巻発電機の外部特性よりも負荷電流の増加に伴う電圧の低下を少なくすることができる．和動複巻発電機では，分巻界磁と直巻界磁を適切に設計すれば，無負荷電圧と全負荷電圧（定格電流時の出力電圧）が等しくなるようにできる．この場合を**平複巻**という．平複巻の場合より直巻界磁起磁力が強いと全負荷電圧は無負荷電圧より大きくなる．これを**過複巻**という．また，平複巻の場合より直巻界磁起磁力が弱く全負荷電圧が無負荷電圧より小さくなるものを**不足複巻**という．

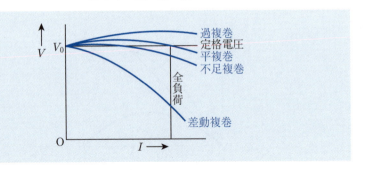

図 1.36 外部特性

一方，差動複巻発電機では，直巻界磁起磁力は界磁磁束を減少させるように働き，その作用は負荷電流の増加に伴い強くなるため，出力電圧は負荷電流の増加に伴い著しく低下する．

図 1.36 は，以上で述べた複巻発電機の外部特性をまとめて表したものである．

(5) 電圧変動率

各直流発電機の外部特性で示したように，負荷が変化すると端子電圧は変化する．その変化の程度を示すのが**電圧変動率**であり，次のように定義される．

$$\text{電圧変動率} \quad \varepsilon = \frac{V_0 - V_n}{V_n} \tag{1.18}$$

V_n は端子電圧，負荷電流，回転数が定格値になるように界磁電流を調整したときの電圧，V_0 は無負荷時の電圧である．図 1.37 は V_n と V_0 の関係を示したものである．

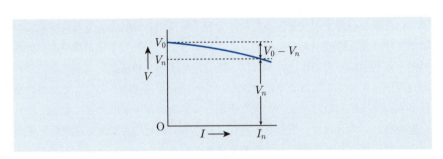

図 1.37 電圧変動率

1.4 直流電動機の種類と特性

1.4.1 直流電動機の種類

直流電動機は，発電機の場合と同様に界磁巻線の接続方法によって図 1.38 のように分類される．それぞれの電動機の電機子，界磁の接続は図 1.39 の通

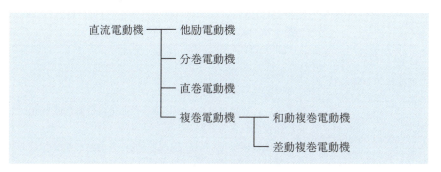

図 1.38 直流電動機の分類

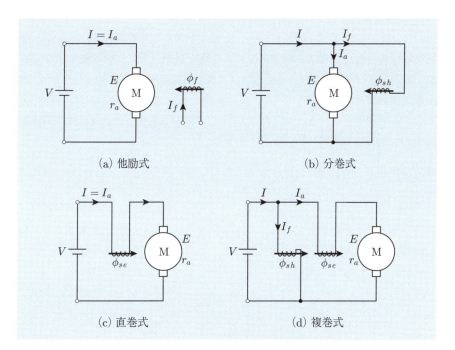

図 1.39 直流電動機の種類

42   第 1 章　直　流　機

りである．この図からわかるように，全ての直流電動機は直流電源に接続され，
界磁電流は電源から供給されるため，発電機のような自励式は存在しない．

1.4.2　直流電動機の特性

直流電動機の特性の主なものは，速度特性曲線，トルク特性曲線，速度トル
ク特性曲線の 3 種である．それぞれの説明を**表 1.3** に示す．

表 1.3　直流電動機の主な特性

名称	特性
速度特性曲線	端子電圧と界磁抵抗を一定に保ったときの負荷電流と回転速度の関係を表す特性．
トルク特性曲線	端子電圧と界磁抵抗を一定に保ったときの負荷電流とトルクの関係を表す特性．
速度トルク特性曲線	端子電圧と界磁抵抗を一定に保ったときの回転速度とトルクの関係を表す特性．

(1)　他励電動機と分巻電動機の特性

図 1.39 の**(a)** と**(b)** の比較から，分巻電動機に界磁調整器を付ければ，他
励電動機の場合と同様に，端子電圧の大きさとは無関係に界磁電流を調整でき
る．また，分巻電動機では，負荷電流は電機子電流と界磁電流の和であるが，界
磁電流は電機子に比べ小さいため，負荷電流 I と電機子電流 I_a はほぼ等しいと
見なすことができる．そこで，$I = I_a$ として他励電動機と分巻電動機の特性を
示す．

速度特性曲線　電動機における起電力は発電機と同様に

$$E = K_E \Phi \omega_m \tag{1.19}$$

と表される．この関係を電動機の電圧方程式である (1.15) 式に代入すると，角
速度 ω_m に関して次の式が得られる．

$$\omega_m = \frac{V - R_a I_a}{K_E \Phi} \tag{1.20}$$

1.4 直流電動機の種類と特性

ここでは $I = I_a$ と見なすので,負荷電流 I と速度 ω_m の関係を表す**負荷速度特性曲線**は図 1.40 のように切片を $\frac{V}{K_E \Phi}$,傾きを $\frac{-R_a I}{K_E \Phi}$ とする直線になる.電機子巻線抵抗 R_a は小さいため $R_a I$ は $K_E \Phi$ に比べ小さい値となり,特性を表す直線の傾きは小さくなる.このように負荷電流の増加に対して速度の減少が僅かな速度特性を**分巻特性**といい,この特性を持つ電動機を**定速度電動機**という.

他励電動機と界磁調整器を持つ分巻電動機は,端子電圧を一定に保ったまま界磁電流 I_f を調整して界磁磁束 Φ を変えることができる.図 1.40 には 2Φ と $\frac{\Phi}{2}$ の特性も描いているが,このように速度を広い範囲で変えることができる電動機を**加減速度電動機**という.

図 1.41 は,電機子電流を一定に保ったまま I_f を変えたときの I_f と ω_m の関係を表している.これを**界磁速度特性曲線**という.無負荷では $I_a = 0$ であるから,(1.20) 式より Φ と ω_m はほぼ反比例の関係にあるが,I_f に対して Φ は飽和特性を示すため I_f と ω_m の関係は図のような曲線になる.全負荷運転(定格負荷電流での運転)では,無負荷時に比べ (1.20) 式の分子が小さくなるため,特性曲線は下方に移動する.

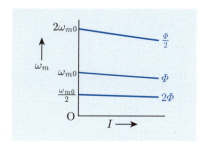

図 1.40 負荷速度特性曲線

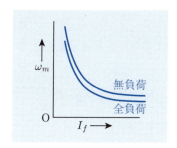

図 1.41 界磁速度特性曲線

トルク特性曲線 電機子電流とトルクの関係は (1.14) 式で表されるので,比例関係にある.ただし,電機子電流が大きくなると,電機子反作用によって界磁磁束 Φ が減少する.よって,電機子電流とトルクの関係を表すトルク特性曲線は図 1.42 のようになる.

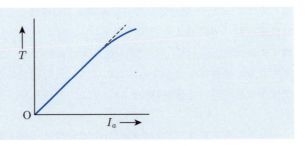

図 1.42 トルク特性曲線

(2) 直巻電動機の特性

速度特性曲線 直巻電動機では，負荷電流 I，電機子電流 I_a，界磁電流 I_f の関係は

$$I = I_a = I_f \tag{1.21}$$

つまり，界磁磁束 Φ は I_a によって変化するので，電機子電流 I_a と速度 ω_m の関係を表す速度特性曲線は図 1.43 に示したようになる．I_a が小さいとき，Φ は I_a に比例するので $\Phi = K_1 I_a$ とおき，また，$\frac{V}{I_a} \gg R_a$ であることを考慮すれば，電機子電流と速度の関係は

$$\omega_m = \frac{V - R_a I_a}{K_E K_1 I_a} \fallingdotseq \frac{1}{K_E K_1} \frac{V}{I_a} \tag{1.22}$$

I_a が大きくなると Φ は飽和して一定になるとすると，$\Phi = K_2$ とおいて

$$\omega_m = \frac{V - R_a I_a}{K_E K_2} = \frac{1}{K_E K_2}(V - R_a I_a) \tag{1.23}$$

つまり，I_a が小さいとき，ω_m は双曲線的に変化し，I_a が大きいときは直線的に変化する．

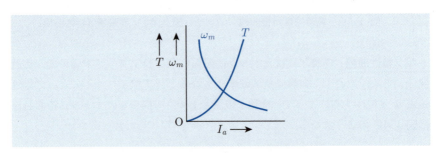

図 1.43 速度およびトルク特性曲線

1.4 直流電動機の種類と特性 **45**

トルク特性曲線 直巻電動機の電機子電流とトルクの関係，つまりトルク特性曲線も図 1.43 に描かれている．

速度特性の場合と同様に，I_a が小さいとき $\Phi = K_1 I_a$ とおけば

$$T = K_T K_1 I_a^2 \tag{1.24}$$

I_a が大きいとき $\Phi = K_2$ とおけば

$$T = K_T K_2 I_a \tag{1.25}$$

であるから，トルクは，I_a が小さいとき I_a の 2 乗に比例して変化し，I_a が大きいときは I_a に比例して変化する．

(3) 複巻電動機の特性

速度特性 和動電動機では分巻界磁磁束 Φ_{sh} に直巻界磁磁束 Φ_{ce} が加算されるため速度は次式で表される．

$$\omega_m = \frac{V - R_a I_a}{K_E(\Phi_{sh} + \Phi_{ce})} \tag{1.26}$$

和動複巻電動機においては，電機子電流 I_a の増加に伴う界磁磁束の増加は，直巻電動機の場合より緩やかになるため，速度の減少も緩やかになる．また，分巻電動機は定速度特性を持つから，和動複巻電動機の速度特性曲線は，直巻電動機と分巻電動機の中間になる．

差動電動機では Φ_{sh} から Φ_{ce} が減算されるため

$$\omega_m = \frac{V - R_a I_a}{K_E(\Phi_{sh} - \Phi_{ce})} \tag{1.27}$$

となり，I_a の増加に伴い界磁磁束は減少し，速度は上昇する．よって，全負荷運転時に定格速度になるように界磁磁束を調整した場合の各電動機の速度特性曲線は図 1.44 のようになる．

トルク特性 和動電動機と差動電動機のトルク式は，それぞれ

$$T = K_T(\Phi_{sh} + \Phi_{ce})I_a \tag{1.28}$$

および

$$T = K_T(\Phi_{sh} - \Phi_{ce})I_a \tag{1.29}$$

となる．電機子電流 I_a に伴う磁束の変化は，速度特性で説明した通りであるから，全負荷運転時に定格トルクとなるように界磁磁束を調整した場合の各電動機のトルク特性曲線は図 1.45 のようになる．

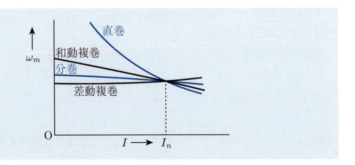

図 1.44 速度特性

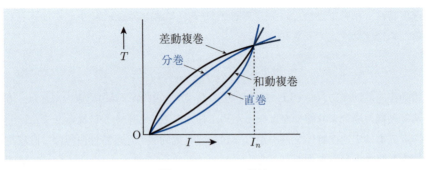

図 1.45 トルク特性

(4) 速度変動率

全負荷で定格速度 ω_{mn} になるように界磁を調整し，界磁をその状態に保ったまま無負荷運転したときの速度を ω_{m0} とするとき，**速度変動率** ε は次のように定義される．

$$\varepsilon = \frac{\omega_{m0} - \omega_{mn}}{\omega_{mn}} \tag{1.30}$$

1.5 直流電動機の運転

(1) 始動法

電機子回路の全抵抗を R とすると，電機子電流 I_a は

$$I_a = \frac{V - K_E \Phi \omega_m}{R} \qquad (1.31)$$

回転子が静止しているときは $\omega_m = 0$ であるから，電動機端子の全電圧 V を印加すると I_a は

$$I_a = \frac{V}{R} \qquad (1.32)$$

の電流が流れる．電機子回路の全抵抗が電機子巻線抵抗 R_a のみの場合，R_a の抵抗値は小さいため電機子に定格電流を超える大電流が流れ，電動機が損傷することがある．そのため，始動時には電機子と直列に**始動抵抗**を挿入して**始動電流**を定格電流の 100〜150% 程度に抑える．このときの界磁電流は，一般的には，始動トルクをできるだけ大きくするために最大値に設定される．つまり，界磁調整器の抵抗をゼロにしておく．

図 1.46 と**図 1.47** は，始動抵抗を用いた直流電動機の始動法を説明する図である．**図 1.46** に示した電機子回路には n 個の抵抗が直列に接続され，それぞれの抵抗端子にタップが設けられている．

静止時の電機子回路の抵抗を R_1 とすると，始動電流の最大値 I_m は

$$I_m = \frac{V}{R_1} \qquad (1.33)$$

となるので，R_1 の大きさによって始動電流の大きさを抑制できる．電機子に電流が流れると，トルクが発生し回転子の速度は上昇する．すると誘導起電力が上昇するため，電流は**図 1.47** のように減少していく．電流が I_b まで減少した時刻 t_1 での誘導起電力を E_1 とすると，I_b の大きさは

$$I_b = \frac{V - E_1}{R_1} \qquad (1.34)$$

ここで始動抵抗のタップを切り換えて

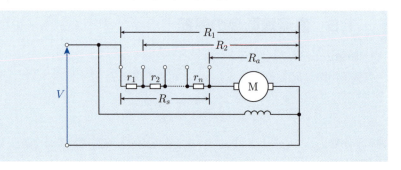

図 1.46 始動抵抗

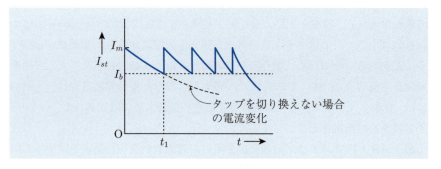

図 1.47 始動電流

$$I_m = \frac{V - E_1}{R_2} \tag{1.35}$$

となるような抵抗 R_2 に切り換える．この操作を繰り返すことによって，始動電流を I_b と I_m の範囲で変化させ，速度を定格速度にまで上昇させる．

　図 1.47 のように始動抵抗にタップを設けて区分することを始動抵抗の**段付け**というが，段付けの数および各抵抗の値は，I_b と I_m の値によって決まる．

(2) 速度制御

これまでの説明から，直流電動機の速度を変えるには，端子電圧 V，界磁磁束 ϕ，電機子回路抵抗のいずれかを変えればよい．それぞれの方法を**電圧制御**，**界磁制御**，**抵抗制御**という．また，回転方向を逆転するには，電機子電圧の極性または界磁の極性を逆にする．界磁制御と抵抗制御は，端子電圧が一定の場合に用いられる方法である．界磁制御は界磁調整器によって界磁電流を調整し，界磁磁束を変える方法である．抵抗制御は，始動抵抗と同様に，電機子回路に可変抵抗を直列に接続し，電機子回路の全抵抗を変える方法である．この他に，複数の直流電動機を直列または並列に接続して 1 台の電動機に加わる電圧を変えて速度を変える方法がある．これは**直並列制御**と呼ばれる．

界磁制御と抵抗制御は簡便な方法であるが，抵抗による電力損失があること，高い制御応答が得られないなどの短所がある．これらを改善した方法として，ワード・レオナード方式，静止レオナード方式，4 象限チョッパ方式などがある．**ワード・レオナード方式**は大掛かりで古い技術であるため現在は採用されていない．そこで，静止レオナード方式と 4 象限チョッパ方式について簡単に説明する．

静止レオナード方式　図 1.48 に示すように，電動機は他励電動機が用いられる．三相電圧をサイリスタ整流回路で整流して直流電圧を作り，電動機の端子電圧として供給される．サイリスタ整流回路は，点弧角を制御することによって，出力の直流電圧の大きさを高効率で瞬時に変えることができる．

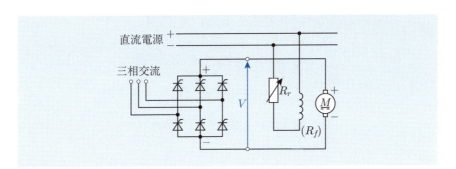

図 1.48　静止レオナード方式

4象限チョッパ方式 この方法でも他励電動機が用いられ，図 1.49(a) のように接続された 4 つのスイッチの ON と OFF の状態によって，直流電圧の平均値を制御する．図 1.49(b) は，その制御方式を示す図である．T を 1 周期として，スイッチ S_1 と S_4 を ON にする時間を T_1，スイッチ S_2 と S_3 を ON にする時間を T_2 とすると，周期 T での平均電圧は，$T_1 = aT, T_2 = (1-a)T$ とすると

$$V = (2a - 1)E \tag{1.36}$$

となる．a を $0 \leq a \leq 1$ の範囲で制御すれば，電圧 V を負にすることもでき，$-E \leq V \leq E$ の範囲で変えることができる．

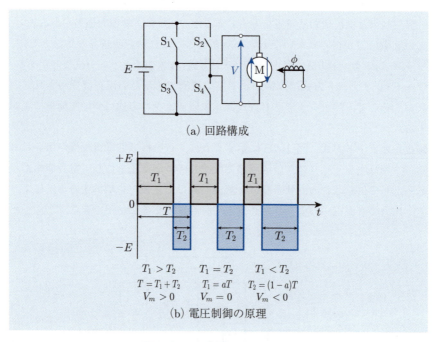

図 1.49　4象限チョッパ方式

1章の問題

☐ **1.1** 定格出力 45 kW, 定格電圧 V_n が 200 V, 電機子巻線抵抗 R_a が 0.09 Ω の他励発電機がある. 次の値を求めよ. ただし, 電機子反作用の影響およびブラシの電圧降下は無視せよ.
(1) この発電機の定格電流 I_n を求めよ.
(2) 定格運転時に電機子巻線に誘導される起電力（電機子電圧）E_0 を求めよ.
(3) 定格運転時の効率を求めよ. ただし, 電機子巻線による損失以外の損失は無視せよ.

☐ **1.2** 電機子巻線が波巻で極数 $2p$ が 4, 起電力定数 K_E が 77.7 の直流発電機がある.
(1) 電機子巻線の総導体数 Z はいくつか.
(2) 回転数 n が $1150\,\text{min}^{-1}$ のとき, 無負荷運転時の端子電圧が 220 V になるための磁束 ϕ を求めよ.

☐ **1.3** 定格出力 50 kW, 定格電圧 200 V, 定格回転数 $1500\,\text{min}^{-1}$, 電機子巻線抵抗 R_a が 0.2 Ω の他励発電機がある. 電機子反作用の影響とブラシの電圧降下を無視して次の値を求めよ.
(1) 定格運転時の電機子電圧と負荷抵抗を求めよ.
(2) 界磁電流と負荷抵抗を定格運転時と同一にして, $1000\,\text{min}^{-1}$ で運転したときの電機子電圧と負荷電流を求めよ. ただし, 電機子電圧は回転数に比例するものとする.

☐ **1.4** 図のような接続の複巻発電機がある. 電機子抵抗 R_a が 0.25 Ω, 分巻界磁抵抗 R_{sh} が 50 Ω, 直巻界磁抵抗 R_{se} が 0.1 Ω である. 次の値を求めよ. ただし, 電機子反作用の影響とブラシ電圧降下は無視せよ.
(1) 端子電圧（出力電圧）が 100 V で 2.0 kW の出力を得るために必要な原動機（発電機を駆動する装置）の出力を求めよ. 損失は電機子抵抗と各界磁抵抗だけで生じるとする.
(2) この発電機の効率を求めよ.

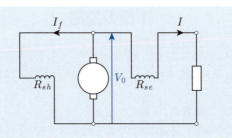

□ **1.5** 分巻発電機において，界磁回路の抵抗 $R_e = R_f + R_r$（R_f: 界磁巻線抵抗，R_r: 界磁調整抵抗）を $50\,\Omega$ に設定して無負荷運転したとき，端子電圧が $130\,\mathrm{V}$ であった．ブラシの電圧降下 V_b が $2.0\,\mathrm{V}$（ブラシ 2 つ分），電機子抵抗 $0.17\,\Omega$ である．次の値を求めよ．ただし，回転数は負荷の変化に関係なく一定とし，電機子反作用の影響は無視せよ．

(1) この無負荷運転時の界磁電流 I_f を求めよ．

(2) 界磁回路の抵抗 R_e をそのままにしてこの発電機に負荷抵抗を接続して運転したとき，負荷電圧 V は $100\,\mathrm{V}$，負荷電流 I は $45\,\mathrm{A}$ であった．このときの界磁電流 I_f と電機子電圧 E を求めよ．

(3) 界磁調整器と負荷抵抗を調節して負荷電圧 V を $100\,\mathrm{V}$，負荷電流 I を $20\,\mathrm{A}$ とした．このときの界磁電流 I_f と界磁回路抵抗 R_e を求めよ．ただし，この発電機の無負荷飽和曲線は図のような折線で表されるとし，直線 ab は $E = 53I_f + 4$ とする．

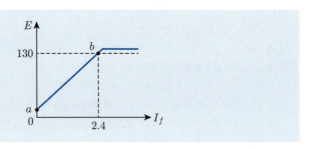

□ **1.6** 定格出力 $10\,\mathrm{kW}$，定格電圧 $200\,\mathrm{V}$，電機子抵抗 R_a が $0.2\,\Omega$ の他励発電機がある．定格運転時の界磁電流は $2.0\,\mathrm{A}$ である．この発電機を他励発電機として運転し，出力，負荷電流（電機子電流），回転数を前述の発電機と同じにするには，端子電圧と界磁電流を求めよ．ただし，電機子電圧は界磁電流に比例するとする．また，電機子反作用とブラシの電圧降下は無視せよ．

1章の問題

☐ **1.7** 定格電圧 220 V，定格電流 215 A，定格回転数 $1150\,\mathrm{min}^{-1}$，4極，波巻の他励電動機がある．電機子抵抗 R_a は $0.05\,\Omega$，総導体数 Z は 246 である．電機子反作用，ブラシ電圧降下，銅損以外の損失は無視して，次の値を求めよ．

(1) 定格出力（軸出力）を求めよ．

(2) トルク定数と定格運転時の界磁磁束を求めよ．

(3) トルク定数を用いてトルクを求める計算式を示し，定格運転時のトルクを求めよ．

(4) 端子電圧を定格の $\frac{1}{2}$ にしたとき，トルクも $\frac{1}{2}$ になった．このときの回転数 $[\mathrm{min}^{-1}]$ と出力を求めよ．ただし，界磁磁束は定格運転時と同じである．

☐ **1.8** 定格出力 2.0 kW，定格電圧 V_n が 105 V，定格回転数 N_n が $1200\,\mathrm{min}^{-1}$，電機子抵抗 R_a が $0.25\,\Omega$ の分巻電動機がある．この電動機を定格で運転したときの負荷電流は 21 A であった．次の値を求めよ．ただし，電機子反作用およびブラシ電圧降下は無視せよ．また，損失は銅損のみとする．

(1) 定格運転時の電機子電流 I_a，界磁電流 I_f，電機子電圧 E を求めよ．

(2) 定格運転時の効率を求めよ．

(3) 速度変動率を求めよ．

【参考文献】

[1] 西方正司 [監修]，下村昭二，百目鬼英雄，星野勉，森下明平「基本からわかる電気機器講義ノート」，オーム社，2014 年

[2] 猪狩武尚「新版　電気機械学」，コロナ社，2001 年

[3] 尾本義一，山下英男，山本充義，多田隈進，米山信一「電気機器工学 I（改訂版）」，電気学会，1987 年

[4] 深尾正，新井芳明 [監修]「最新電気機器入門」，実教出版，2007 年

第2章

変 圧 器

　変圧器は，1つの回路から交流電力を受け，電磁誘導作用によってこれを変成し，他の回路に電力を供給する機器である．電磁誘導作用は1831年にファラデーが発見した現象であり，これによって交流電力の送電や配電が可能になった．変圧器は主として送配電用に用いられるが，小容量の変圧器では通信，計器，制御，家電用など様々な用途に広く用いられている．

　本章では，変圧器の原理，構造，等価回路，特性，結線，並行運転および各種変圧器について述べる．

2.1 変圧器の原理と構造

2.1.1 原理

変圧器は磁気的に結合された複数の巻線の電磁誘導作用によって，電圧や電流の変成を行う**静止誘導機器**である．**図 2.1** は変圧器の原理図である．

鉄心に絶縁した一次巻線と二次巻線を施している．一次巻線に電圧を印加すると，鉄心中に**交番磁束** $\dot{\phi}$ が発生し，$\dot{\phi}$ の時間的変化により一次巻線には**誘導起電力** $\dot{E}_1$ が発生する．$\dot{\phi}$ は二次巻線とも鎖交しているので同時に二次巻線にも誘導起電力 $\dot{E}_2$ を発生する．これらの誘導起電力の比は**巻数比**と等しく，以下のように a で表される．

$$\frac{\dot{E}_1}{\dot{E}_2} = \frac{N_1}{N_2} = a \tag{2.1}$$

次に，二次巻線に負荷を接続すると，二次電流 $\dot{I}_2$ が流れ，新たな**起磁力** $N_2 I_2$ が生じる．しかし，一次巻線に印加した電圧は変化せず，$\dot{\phi}$ は一定に保たれるのでこの起磁力 $N_2 I_2$ を打ち消すように一次巻線に電源より $\dot{I}_1$ が流れ，次の関係が成立する．

$$N_1 \dot{I}_1 = N_2 \dot{I}_2 \tag{2.2}$$

したがって，電流と巻数比の関係は以下のようになる．

$$\frac{\dot{I}_2}{\dot{I}_1} = \frac{N_1}{N_2} = a \tag{2.3}$$

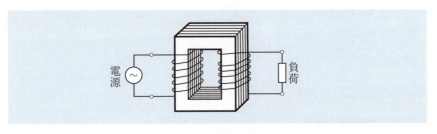

図 2.1 変圧器の原理図

[注意] 一次巻線に正弦波交流電圧 $v_1 = \sqrt{2}\,V_1 \sin\omega t$ [V] を印加すると，$\frac{\pi}{2}$ [rad] 位相の遅れた励磁電流が流れ，これと同相の交番磁束 $\phi = \sqrt{2}\,\Phi \sin(\omega t - \frac{\pi}{2})$ [Wb] が発生し，一次および二次巻線に起電力 e_1 および e_2 が誘導される．

$$e_1 = N_1 \frac{d\phi}{dt} = \sqrt{2}\,\omega N_1 \Phi \sin\omega t = \sqrt{2}\,V_1 \sin\omega t$$

$$e_2 = N_2 \frac{d\phi}{dt} = \sqrt{2}\,\omega N_2 \Phi \sin\omega t$$

したがって，これらを実効値 E_1 および E_2 で表すと，

$$E_1 = \omega N_1 \Phi = 4.44 f N_1 \Phi_m$$

$$E_2 = \omega N_2 \Phi = 4.44 f N_2 \Phi_m$$

ただし，$\Phi_m = \sqrt{2}\,\Phi$

2.1.2 構　　造

変圧器は磁気回路を構成する鉄心と，電流回路を構成する巻線とから成り立っており，図2.2 に示すように**内鉄形**と**外鉄形**に分けられる．内鉄形は鉄心が内側にあり，巻線が鉄心を囲んでいる．実際の変圧器では，一次巻線と二次巻線は図2.1 に示したように別々の脚に巻くのではなく，各巻線とも両方の脚に等分に巻く．普通，絶縁の関係で低圧側巻線を内側に，高圧側巻線を外側に配置している．また，外鉄形は巻線が内側にあり，鉄心がその周囲を囲んでいる．巻線は低圧側巻線と高圧側巻線とが交互に配置されている．

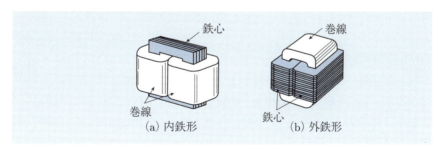

図2.2　鉄心とコイルの関係

(1) 鉄心

変圧器の**鉄心**には，透磁率が大きく，鉄損の小さい材料が用いられる．ヒステリシス損（2.4.3項参照）を減少させるために，ケイ素含有量が3.5% 程度,

厚さが 0.35 mm 程度の**方向性ケイ素鋼帯**が用いられる．この鋼帯は冷間圧延によって作られ，圧延方向に磁束を通すと鉄損，励磁電流が著しく小さくなるという性質がある．鋼帯の表面は絶縁が施され，積み重ねて**成層鉄心**としている．このように成層鉄心は絶縁物を含むので，鉄心の断面積に対して実際に鉄が占める割合を**占積率**と呼び，一般的に 97% 程度である．

(2) **巻線**

　巻線には，銅またはアルミの丸線や平角線が用いられる．小容量変圧器では多くの場合，細い丸線のホルマール線を用いている．また，電力用変圧器では軟銅平角線が用いられる．断面積が大きい場合は**渦電流**を低減するために，断面積の小さい数個の並列回路に分割する．

　小容量の内鉄形変圧器では，鉄心に絶縁を施し，その上に巻線を直接巻く，直巻が採用されるが，中・大容量変圧器では，絶縁処理された円筒コイルや板状コイルを鉄心にはめ込む方法が採用されている．

(3) **冷却**

　変圧器では，**鉄損**や**銅損**などの損失があり，これらの損失がすべて熱となる．しかも大容量になるほど熱放散が困難となり，温度上昇が大きくなるので容量に応じて適切な**冷却**が行われる．冷却方法として，変圧器本体を絶縁油に浸して冷却する**油入式**と空気によって冷却を行う**乾式**とに大別される．また，乾式ではあるが密閉式のものもある．さらに細かく分類されるが，まとめると**図 2.3**のようになる．

　変圧器油は**絶縁**と冷却のために用いられる．**図 2.4** に油入自冷式の一例として**柱上変圧器**を示す．**油入変圧器**では，負荷の変動や周囲温度の変化によって，油は膨張，収縮を繰り返すためタンク内の気圧と大気圧に差が生じ，空気の出入りを繰り返す．これを変圧器の**呼吸作用**という．この作用により，空気中の湿気が油の絶縁耐力を低下させ，また空気中の酸素によって油が酸化され，劣化し，有害なスラッジと呼ばれる沈殿物が生じる．そこで，**コンサベータ**を設け，空気が直接油と接触する面積を小さくする方法がとられている．さらに，**ブリーザ**を設けて，これにシリカゲルなどの吸湿剤を入れて油の劣化を防止している．**図 2.5** にコンサベータとブリーザを示す．

2.1 変圧器の原理と構造

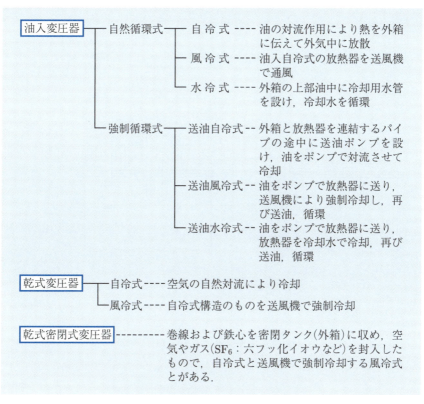

図 2.3 変圧器の代表的な冷却方式

図 2.4 柱上変圧器

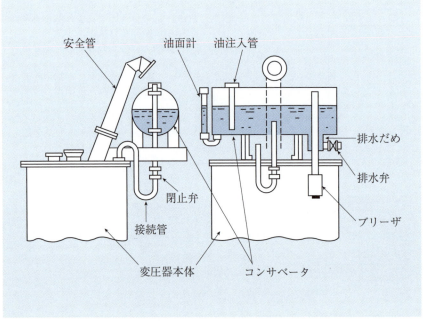

図 2.5 コンサベータとブリーザ

2.2 理想変圧器

2.2.1 理想変圧器の条件と原理

理想変圧器とは以下の条件を満たす変圧器のことをいう.

(1) 巻線の抵抗がゼロである.
(2) 鉄心の透磁率が無限大であり，したがって磁気回路における磁気抵抗がゼロである.
(3) 鉄心中の鉄損がゼロである.
(4) 鉄心の磁気飽和は無視できる.

図 2.6 は，この理想変圧器の原理図を示している.

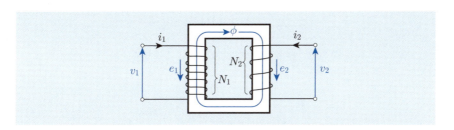

図 2.6 理想変圧器の原理図

誘導起電力 e の正方向を，その方向に電流 i が流れたときに生じる起磁力が磁束 ϕ の正方向と一致するように定めれば誘導起電力 e の正方向と磁束 ϕ の正方向の関係は**右ねじ系**となる．図 2.6 はこの関係を示している．しかし，変圧器は交流電力を受け，これを変成し，他の回路に電力を供給するものであり，この図におけるような電力フローの方向は理解しにくい．そこで，同図の誘導起電力 e_1 および e_2 の方向を逆にとり (**逆起電力**ともいう)，これにしたがって，i_2 の方向も逆にした図 2.7 で考えることにする．●印を用いた表示法で示すと，図 2.8 となる．●印の方向に電流が流入したときにこれらの電流による起磁力 $N_1 i_1$ と $N_2 i_2$ は加わり合うことを意味する．

図 2.9 は，理想変圧器を表しているが，正弦波電圧 V_1 を一次巻線に印加すると，鉄心内に交番磁束が発生し，逆起電力 $\dot{E}_1, \dot{E}_2$ を生じる．この磁束 $\dot{\phi}$ を

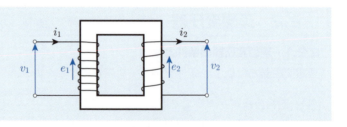

図 2.7　理想変圧器

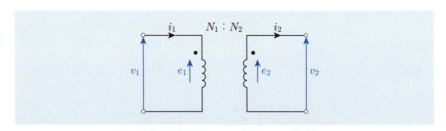

図 2.8　簡単な巻き方の表示による理想変圧器

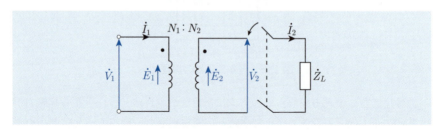

図 2.9　理想変圧器

作るための励磁電流は，理想変圧器では，前に示した条件 (2) よりゼロとなる（実際の変圧器では，磁束 $\dot{\phi}$ を作るための励磁電流 $\dot{I}_0$ が存在する）．

次に，スイッチ S を閉じると，二次側には

$$\dot{I}_2 = \frac{\dot{V}_2}{\dot{Z}_L} = \frac{\dot{V}_2}{R + jX} \tag{2.4}$$

の電流が流れる．原理（2.1.1 項参照）で述べたように，新たに発生した起磁力を打ち消すように一次電流 $\dot{I}_1$ が流れる．無負荷時および負荷時のフェーザ図を図 2.10 と図 2.11 にそれぞれ示す．

2.2 理想変圧器

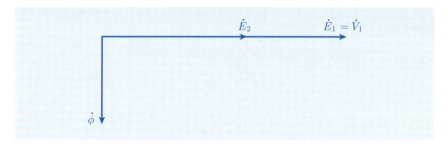

図 2.10 無負荷時における理想変圧器のフェーザ図

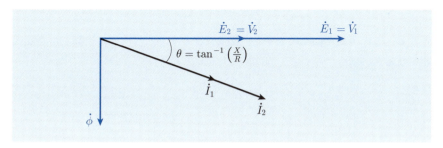

図 2.11 負荷時における理想変圧器のフェーザ図

一次側から流入した電力（**皮相電力**）は，

$$V_1 I_1 = \frac{N_1}{N_2} E_2 \cdot \frac{N_2}{N_1} I_2 = E_2 I_2 \tag{2.5}$$

となり，負荷に供給した電力に等しいことがわかる．**変圧器の容量**は，この二次端子間での皮相電力となり，[kVA] などで表す．

2.2.2 理想変圧器の等価回路

図 2.9 で理想変圧器を表したが，一次側と二次側は電気的には 2 つの回路に分割されている．これらの回路を一次側に，あるいは二次側に換算した**等価回路**を考えることにする．

図 2.9 より，一次電流 $\dot{I}_1$ を $\dot{V}_1$ と $\dot{Z}_L$ で表すと，

$$\begin{aligned}\dot{I}_1 &= \frac{N_2}{N_1} \dot{I}_2 = \frac{N_2}{N_1} \frac{\dot{E}_2}{\dot{Z}_L} = \frac{1}{a}\left(\frac{N_2}{N_1} \dot{V}_1\right) \frac{1}{\dot{Z}_L} \\ &= \frac{\dot{V}_1}{a^2 \dot{Z}_L} = \frac{\dot{V}_1}{\dot{Z}_L'}\end{aligned} \tag{2.6}$$

となる．したがって，これを回路に表すと図 2.12 となり，一次側に換算された等価回路となる．

次に，二次電流 $\dot{I}_2$ を一次側に換算した電流は $\dot{I}_2'$ と表せ，

$$\dot{I}_2' = I_1 = \frac{I_2}{a} \tag{2.7}$$

$$\dot{I}_2' = \frac{\dot{V}_1}{\dot{Z}_L'} = \frac{\dot{V}_1}{a^2 \dot{Z}_L} \tag{2.8}$$

より，

$$\dot{I}_2 = a\dot{I}_2' = \frac{\frac{\dot{V}_1}{a}}{\dot{Z}_L} \tag{2.9}$$

となる．この関係を回路に表すと，図 2.13 となり，二次側に換算した等価回路になる．

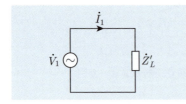 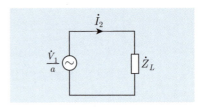

図 2.12 一次側に換算した等価回路　　図 2.13 二次側に換算した等価回路

■ 例題 2.1 ■

巻数比 $a = 20$ の変圧器がある．いま一次側に 6600 V を印加すると，二次側端子 V_2 の電圧はいくらか．また，二次側端子に 10 Ω の負荷を接続すると二次電流 I_2 および一次電流 I_1 は何 A になるか．ただし，励磁電流は無視する．

【解答】

$$V_2 = \frac{6600}{20} = 330 \text{ [V]}$$

$$I_2 = \frac{330}{10} = 33 \text{ [A]}$$

$$I_1 = \frac{33}{20} = 1.65 \text{ [A]}$$

2.3 実際の変圧器

実際の変圧器は理想変圧器と異なり，以下のことを考慮しなければならない．

(1) 一次および二次巻線の抵抗や漏れリアクタンスが存在する．
(2) 主磁束を作るために起磁力，すなわち**磁化電流**が必要である．
(3) 鉄心中に鉄損が存在する．
(4) 鉄心の磁気飽和を無視することは実際上はできないが，ここでは特に考慮しない．

2.3.1 励磁電流

主磁束 $\dot{\phi}$ を作るために，$\dot{\phi}$ と同相である励磁電流の一成分である磁化電流が必要である．実際の鉄心の B–H 曲線は磁気飽和やヒステリシス現象を有する非線形特性を示すので，図 2.14 に示すように磁束 $\dot{\phi}$ が正弦波であっても励磁電流波形は**高調波**を含む非正弦波形となる．また，位相は図 2.15 で示されるように磁束 $\dot{\phi}$ よりも進むことになる．

図 2.15 より明らかなように，励磁電流 $\dot{I}_0$ は一次電圧 $\dot{V}_1$ と同相な成分である**鉄損電流** $\dot{I}_{0w}$ と，主磁束 $\dot{\phi}$ と同相な成分である**磁化電流** $\dot{I}_{00}$ に分けられる．

$$\dot{I}_0 = \dot{I}_{00} + \dot{I}_{0w} \qquad (2.10)$$

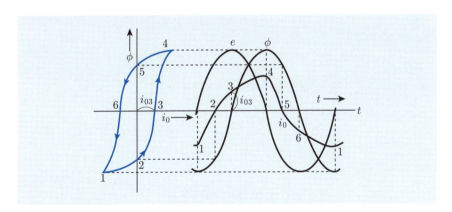

図 2.14 励磁電流の波形

図 2.15　励磁電流の位相

2.3.2　実際の変圧器の等価回路

変圧器の特性を調べるには実際に試験を行えばよいが，それよりも簡易な等価回路を用いることにより比較的精度よく特性を求めることができるので非常に有用である．

実際の変圧器の**等価回路**は，理想変圧器をもとに考えることができ，図 2.16 のようになる．この回路において次の式が成り立つ．

$$\begin{aligned}
\dot{V}_1 &= \dot{E}_1 + (r_1 + jx_1)\dot{I}_1 \\
\dot{E}_2 &= \dot{V}_2 + (r_2 + jx_2)\dot{I}_2 \\
\frac{\dot{E}_1}{\dot{E}_2} &= \frac{\dot{I}_2}{\dot{I}'_1} = a \\
\dot{I}_1 &= \dot{I}_0 + \dot{I}'_1 \\
\dot{I}_0 &= \dot{Y}_0 \dot{E}_1 = (g_0 - jb_0)\dot{E}_1
\end{aligned} \tag{2.11}$$

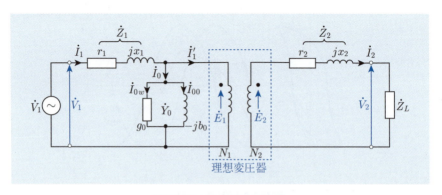

図 2.16　変圧器の回路図

ここで，$\dot{Y}_0$ を**励磁アドミタンス** [S]，g_0 を**励磁コンダクタンス** [S]，b_0 を**励磁サセプタンス** [S] という．

これらの式から**図 2.17** のフェーザ図が得られる．

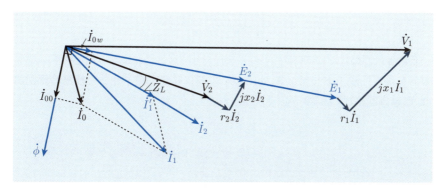

図 2.17 変圧器のフェーザ図

(1) 一次側に換算した等価回路

理想変圧器の部分を等価回路に置き換え，二次側の諸量を一次側に換算した変圧器の等価回路を求めると**図 2.18** となる．また，この等価回路は **T 形等価回路**と呼ばれ，次の関係式が成り立つ．

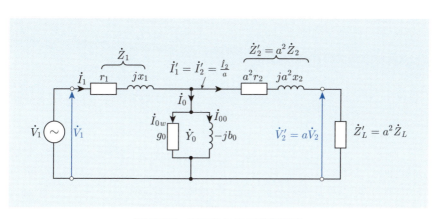

図 2.18 変圧器の T 形等価回路

$$\dot{I}'_2 = \dot{I}'_1 = \frac{\dot{I}_2}{a}$$
$$\dot{V}'_2 = a\dot{V}_2 \tag{2.12}$$
$$\dot{Z}'_2 = a^2(r_2 + jx_2) = a^2 \dot{Z}_2$$
$$\dot{Z}'_L = a^2 \dot{Z}_L$$

T 形等価回路において，$\dot{Z}_1 = r_1 + jx_1$ は小さく，これによる**電圧降下**は数 % であるから励磁アドミタンス $\dot{Y}_0$ を $\dot{Z}_1$ の前に移動し簡単化した**簡易等価回路**（**L 形等価回路**）図 2.19 が広く利用される．

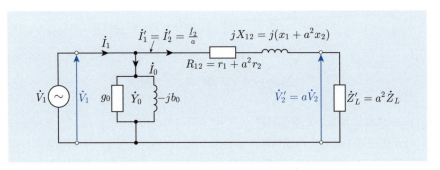

図 2.19　変圧器の簡易等価回路

(2) 二次側に換算した等価回路

一次側の諸量を二次側に換算した等価回路（二次側から見た回路）は次のように求めることができる．

$\dot{I}_2 = a\dot{I}_2'$ であり，

$$\dot{I}_2' = \frac{\dot{V}_1}{(r_1 + a^2 r_2) + j(x_1 + a^2 x_2)} \tag{2.13}$$

上式より，$\dot{I}_2$ は次式となる．

$$\begin{aligned}\dot{I}_2 &= \frac{a\dot{V}_1}{(r_1 + a^2 r_2) + j(x_1 + a^2 x_2)} \\ &= \frac{\frac{\dot{V}_1}{a}}{\left(\frac{r_1}{a^2} + r_2\right) + j\left(\frac{x_1}{a^2} + x_2\right)}\end{aligned} \tag{2.14}$$

したがって，これらの式より図 2.20 に示す二次側に換算した等価回路が得られる．

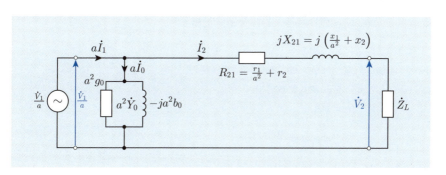

図 2.20　二次側に換算した等価回路

■ 例題 2.2 ■

10 kVA, 60 Hz, 6300 V/210 V の単相変圧器があり，無負荷試験および短絡試験を行ったところ，以下の結果を得た．これをもとにして簡易等価回路定数 g_0, b_0, $R\ (= r_1 + a^2 r_2)$, $X\ (= x_1 + a^2 x_2)$ を求めよ．

無負荷試験結果　$V_{1n} = 6300$ [V]，$I_0 = 0.046$ [A]，$W_0 = 60$ [W]
短絡試験結果　　$V_{1s} = 143$ [V]，$I_{1n} = 1.59$ [A]，$W_{1s} = 150$ [W]

【解答】　無負荷試験時の回路は図 a となり，次式が成り立つ．

$$g_0 V_{1n}^2 = W_0$$

$$\therefore\ g_0 = \frac{W_0}{V_{1n}^2} = 1.51 \times 10^{-6}\ [\text{S}]$$

次に，

$$Y_0 = \frac{I_0}{V_{1n}} = 7.30 \times 10^{-6}\ [\text{S}]$$

$$\therefore\ b_0 = \sqrt{Y_0^2 - g_0^2} = 7.14 \times 10^{-6}\ [\text{S}]$$

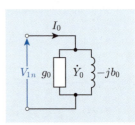

図 a

短絡試験時の回路は図 b となる．なお，短絡試験では印加する電圧は低いので励磁回路を無視している．したがって，次式が成り立つ．

$$I_{1n}^2 R = W_{1s}$$

$$\therefore\ R = \frac{W_{1s}}{I_{1n}^2} = 59.3\ [\Omega]$$

$$V_{1s} = I_{1n} \sqrt{R^2 + X^2}$$

$$\therefore\ X = \sqrt{\left(\frac{V_{1s}}{I_{1n}}\right)^2 - R^2} = 67.6\ [\Omega]$$

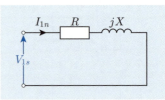

図 b

2.4 変圧器の特性

2.4.1 百分率抵抗降下と百分率リアクタンス降下

変圧器の二次側を短絡し，一次電流が定格電流 I_{1n} となるように一次側に低い電圧 V_s を印加する．この電圧を**インピーダンス電圧**と呼び，また，一次入力 W_s を**インピーダンスワット**と呼ぶ．このときの抵抗降下を定格一次電圧 V_{1n} に対する百分率で表したものが**百分率抵抗降下** p [%] となり，次式で表される．

$$p = \frac{(r_1 + r_2')I_{1n}}{V_{1n}} \times 100 = \frac{W_s}{V_{1n}I_{1n}} \times 100 \qquad (2.15)$$

同様にして，**百分率リアクタンス降下** q [%] および**百分率インピーダンス降下** z [%] は次のように求められる．

$$q = \frac{(x_1 + x_2')I_{1n}}{V_{1n}} \times 100 \qquad (2.16)$$

$$z = \sqrt{p^2 + q^2} = \frac{\sqrt{(r_1 + r_2')^2 + (x_1 + x_2')^2}\, I_{1n}}{V_{1n}} \times 100$$

$$= \frac{V_s}{V_{1n}} \times 100 \qquad (2.17)$$

これらは % 抵抗降下，% リアクタンス降下および % インピーダンス降下とも呼ばれる．

◢ 例題 2.3 ◣

例題 2.2 で扱った変圧器の百分率インピーダンス降下 z，百分率抵抗降下 p および百分率リアクタンス降下 q を無負荷試験および短絡試験結果より求めよ．

【解答】

$$z = \frac{V_{1s}}{V_{1n}} \times 100 = \frac{143}{6300} \times 100 = 2.27 \ [\%]$$

$$p = \frac{RI_{1n}}{V_{1n}} \times 100 = \frac{W_{1s}}{V_{1n}I_{1n}} \times 100 = \frac{15000}{6300 \times 1.59} = 1.50 \ [\%]$$

$$q = \sqrt{z^2 - p^2} = 1.70 \ [\%]$$

2.4.2 電圧変動率

変圧器に負荷電流が流れると，変圧器の巻線抵抗や漏れリアクタンスのために電圧降下が生じる．そのため，変圧器の二次端子の電圧が変化する．この程度を示すのが**電圧変動率**である．変圧器の定格は，銘板に示されており，電圧，電流，周波数，力率，容量の値が明記されている．容量は前にも述べたが，変圧器の二次端子間での皮相電力となり，[kVA] などで表す．

電圧変動率 ε [%] は，変圧器が定格で動作しているときの二次端子電圧を V_{2n} [V]，無負荷にしたときの二次端子電圧を V_{20} [V] とすれば次式で求められる．

$$\varepsilon = \frac{V_{20} - V_{2n}}{V_{2n}} \times 100 \tag{2.18}$$

あるいは，二次側を一次側に換算した諸量で表すと，次式で求められる．

$$\varepsilon = \frac{V_1 - V'_{2n}}{V'_{2n}} \times 100 \tag{2.19}$$

電圧変動率は，図 2.19 に示した簡易等価回路から計算することもできる．図 2.21 は負荷電流 $\dot{I}'_{2n}$ が流れているときのフェーザ図を示しており，$\dot{V}_1$ と $\dot{V}'_{2n}$ との位相差が小さいとすれば，

$$\begin{aligned}V_1 &= \overline{OA} \approx \overline{OB} + \overline{BC} + \overline{CE} \\ &= V'_{2n} + R_{12} I'_{2n} \cos\theta + X_{12} I'_{2n} \sin\theta\end{aligned} \tag{2.20}$$

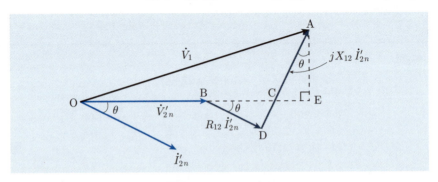

図 2.21　フェーザ図

2.4 変圧器の特性　　　**73**

となり，この関係を (2.19) 式に代入すると，

$$\varepsilon = \frac{R_{12}\, I'_{2n} \cos\theta + X_{12}\, I'_{2n} \sin\theta}{V'_{2n}} \times 100 \tag{2.21}$$

ここで，

$$p = \frac{R I'_{2n}}{V'_{2n}} \times 100 \tag{2.22}$$

$$q = \frac{X I'_{2n}}{V'_{2n}} \times 100 \tag{2.23}$$

であるので，電圧変動率 ε [%] は近似的に次式で表すことができる．

$$\varepsilon = p \cos\theta + q \sin\theta \tag{2.24}$$

ただし，誘導負荷のとき $\sin\theta > 0$ にとる．

■ **例題 2.4** ■

　定格容量が $500\,\mathrm{kVA}$ の単相変圧器があり，この変圧器のインピーダンスワットが $7\,\mathrm{kW}$ であるとき，百分率抵抗降下 p を求めよ．また，百分率インピーダンス降下 z が 4.2% であり，定格時において負荷の（遅れ）力率が 60% のとき電圧変動率はいくらか．

【解答】　インピーダンスワットは，短絡試験時の銅損に等しいので，

$$p = \frac{7000}{500 \times 10^3} \times 100 = 1.40 \ [\%]$$

$$q = \sqrt{z^2 - p^2} \ \text{より，} \ q = 3.96 \ [\%]$$

以上より，電圧変動率 ε は，近似的に次式で求めることができる．

$$\varepsilon = p \cos\theta + q \sin\theta = 1.4 \times 0.6 + 3.96 \times 0.8 = 4.01 \ [\%]$$

2.4.3　損失と効率

(1)　各部に生じる損失

　変圧器の等価回路より，損失は励磁コンダクタンス g_0（鉄損）および巻線抵抗 $R_{12} = r_1 + a^2 r_2$（銅損）で生じることがわかる．その他に漏れ磁束によって変圧器の各部に生じる渦電流損があるが，これは簡単には求められないことから本書でも考慮しない．以上の損失をまとめると，通常は**図 2.22** のようになる．

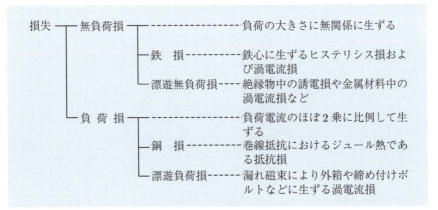

図 2.22 損失の分類

鉄心に生じる鉄損は実験的に求められた式があり，概略を理解するために役に立つ．**ヒステリシス損**を W_h [W/kg]，**渦電流損**を W_e [W/kg] とすれば，次式で表せる．

$$W_h = \alpha f B_m^2 \tag{2.25}$$

$$W_e = \beta f^2 B_m^2 \tag{2.26}$$

ここで，α, β は比例定数で材料により決まる．また，B_m [T] は最大磁束密度，f [Hz] は周波数である．

(2) 効率の計算

損失について述べたが，**効率**は入力に対する出力の割合であるので，入力から損失を差し引くことで出力を求めることもできる．変圧器の効率は高く，容量が大きいほど高効率になり，99% 以上になる．

規約効率 効率は負荷試験を行えば，入出力より効率（実測効率）を求めることができるが，大容量になると設備を確保するのが困難になってくる．これに対して**規約効率**は，無負荷試験や短絡試験を行い，無負荷損と負荷損を求め計算により効率を求めるものであり，変圧器ではこの規約効率が用いられる．規約効率を η [%] で表すと，

$$\eta = \frac{出力}{出力 + 無負荷損 + 負荷損} \times 100 = \frac{W_o}{W_o + W_i + W_c} \times 100$$

$$= \frac{V_{2n} I_{2n} \cos\theta}{V_{2n} I_{2n} \cos\theta + W_i + W_c} \times 100 \tag{2.27}$$

ここで, W_o [W], W_i [W], W_c [W] はそれぞれ二次定格出力, 鉄損および銅損 (75°C に換算した値) であり, V_{2n} [V], I_{2n} [A] は二次定格電圧および二次定格電流である. また, $\cos\theta$ は負荷の力率である.

図 2.19 で示した簡易等価回路の電圧・電流で表すと,

$$\eta = \frac{V'_{2n} I'_{2n} \cos\theta}{V'_{2n} I'_{2n} \cos\theta + W_i + I'^2_{2n} R_{12}} \times 100 \tag{2.28}$$

最大効率 負荷電流 I'_2 が流れているときの効率は, 上式において, I'_{2n} に I'_2 を代入すればよい. その後, 分母分子を $V_{2n} I'_2$ で除すると

$$\eta = \frac{100}{1 + \frac{W_i + I'^2_2 R_{12}}{V'_{2n} I'_2 \cos\theta}} \tag{2.29}$$

これより, 効率を最大にするには,

$$\frac{W_i + I'^2_2 R_{12}}{V'_{2n} I'_2 \cos\theta} = \frac{1}{V'_{2n} \cos\theta} \left(\frac{W_i}{I'_2} + I'_2 R_{12} \right) \tag{2.30}$$

を最小にすればよいので,

$$\frac{d}{dI'_2} \left(\frac{W_i}{I'_2} + I'_2 R_{12} \right) = 0 \tag{2.31}$$

となり, $W_i = I'^2_2 R_{12}$ が得られる. これは, 図 2.23 に示すように鉄損と銅損が等しいときに**最大効率**が得られることを示している.

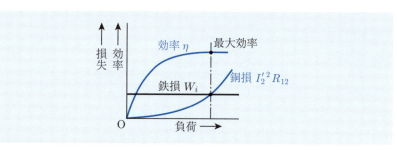

図 2.23 負荷と損失および効率の関係

76   第 2 章　変 圧 器

全日効率　配電用変圧器では負荷が一日中一定ではなく変動している．そこで
1 日中の総合的な効率を考えるために**全日効率**が用いられる．全日効率を η_d [%]
で表すと，

$$\eta_d = \frac{1\,\text{日中の出力電力量 [kWh]}}{1\,\text{日中の全供給電力量 [kWh]}} \times 100 \tag{2.32}$$

■ **例題 2.5** ■

　　定格 10 kVA の変圧器が定格電圧において遅れ力率 0.6，定格の $\frac{3}{4}$ の負荷で運
転されているときの効率を求めよ．ただし，この変圧器は定格電圧において鉄損
は 120 W，定格電流において銅損は 180 W である．

【解答】　効率 $\eta = \dfrac{\text{出力}}{\text{出力} + \text{損失}} \times 100$ [%] より

$$\eta = \frac{10 \times 10^3 \times 0.6 \times \frac{3}{4}}{10 \times 10^3 \times 0.6 \times \frac{3}{4} + 120 + (\frac{3}{4})^2 \times 180} \times 100$$

$$= 95.3 \text{ [%]}$$

■ **例題 2.6** ■

　　定格 5 kVA，無負荷損 110 W，全負荷銅損が 140 W の変圧器がある．この変
圧器が 1 日のうち 8 時間ずつ全負荷，$\frac{1}{2}$ 負荷，無負荷で運転されるとき，全日効
率 η_d を求めよ．なお，負荷の力率は 100% である．

【解答】　1 日（24 時間）単位の出力電力量 P_{ot} [kWh]，全無負荷損電力量 P_{lt} [kWh]
および全銅損電力量 P_{ct} [kWh] を計算すると，

$$P_{ot} = 5 \times 8 + \frac{1}{2} \times 5 \times 8 = 60$$

$$P_{lt} = 0.11 \times 24 = 2.64$$

$$P_{ct} = 0.14 \times 8 + \left(\frac{1}{2}\right)^2 \times 0.14 \times 8 = 1.4$$

したがって，

$$\eta_d = \frac{P_{ot}}{P_{ot} + P_{lt} + P_{ct}} \times 100 = 93.7 \text{ [%]}$$

2.5 変圧器の三相結線と並行運転

2.5.1 変圧器の極性

複数の変圧器を接続する場合，これらを結線するには変圧器の極性を知らなければならない．これは，ある瞬時にその一次および二次端子における誘導起電力の相対的な方向を表すものである．

極性を定めるためには，図 2.24 のように接続し，高圧側 A, B 端子間に適当な電圧 V_1 を加えた場合の低圧側 a, b 端子間電圧 V_2 を測定する．このとき，A, a 端子間電圧が V_{Aa} であり，$V_{Aa} = V_{AB} - V_{ab}$ が成り立つならば，A と a，B と b は同じ極性になる．このような変圧器は**減極性**の変圧器と呼ばれる．また，$V_{Aa} = V_{AB} + V_{ab}$ であれば，**加極性**の変圧器と呼ばれる．

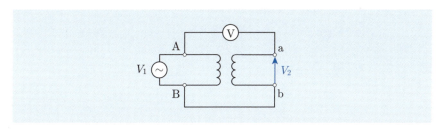

図 2.24 極性試験

2.5.2 三相結線

単相変圧器を用いて**三相結線**するためには，通常 3 台あるいは 2 台の変圧器を用いる．このとき，変圧器は容量，電圧，周波数等の定格が同じであり，巻線抵抗，漏れリアクタンス，励磁電流なども等しいことが求められる．三相結線の種類は 3 台の変圧器を用いる場合には，Δ–Δ 結線，Y–Y 結線，Δ–Y 結線，Y–Δ 結線，また，2 台の変圧器を用いる場合には，V–V 結線にする．

(1) **Δ–Δ結線**

3台の単相変圧器を一次側および二次側ともに Δ 結線にしたものであり，図 2.25 となる．フェーザ図は図 2.26 となる．一次側と二次側線間電圧は同相となり，変圧器に流れる相電流は線電流の $\frac{1}{\sqrt{3}}$ となる．この結線では，3台のうち1台が故障しても V–V 結線で運転が可能である．

また，**第3高調波電流**は，巻線内を循環電流として流れるので高調波電圧が線間に現れることがなく，通信障害を起こすことはない．

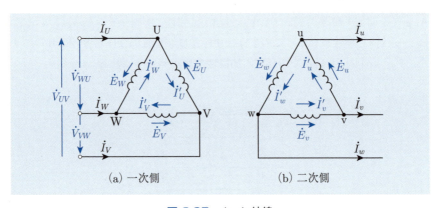

図 2.25 Δ–Δ 結線

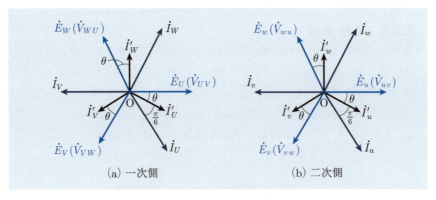

図 2.26 Δ–Δ 結線のフェーザ図

(2) Y–Y 結線

図 2.27 に示すように，一次側および二次側ともに Y 結線にしたものであり，フェーザ図は図 2.28 となる．相電圧は線間電圧の $\frac{1}{\sqrt{3}}$ となり，相電流と線電流は等しくなる．

また，各相の励磁電流には第 3 高調波電流が含まれるが，この高調波は同相であり，キルヒホッフの法則によりその総和は 0 となる．したがって，Y–Y 結線では巻線内を第 3 高調波が流れることができないため，電圧波形が歪み，中性点を接地すれば線路に第 3 高調波電流を含む励磁電流が流れ，近くの通信線に雑音などの障害を与える．このことから Y–Y 結線はあまり使用されない．

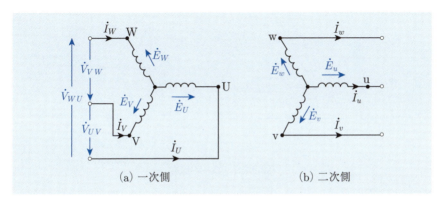

図 2.27　Y–Y 結線

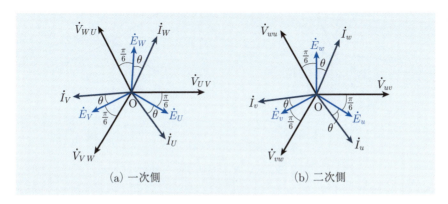

図 2.28　Y–Y 結線のフェーザ図

(3) Δ−Y 結線

図 2.29 に示すように，一次側を Δ 結線，二次側を Y 結線としたものであり，フェーザ図は図 2.30 となる．この結線では，一次側を第 3 高調波電流が循環でき，二次側には流れないため通信障害が起こらない．また，二次側が Y 結線のために中性点を接地できる．この結線では，二次側の線間電圧は，相電圧の $\sqrt{3}$ 倍になり，線電流と相電流が等しくなるため，送電線の送電端に用いられる．

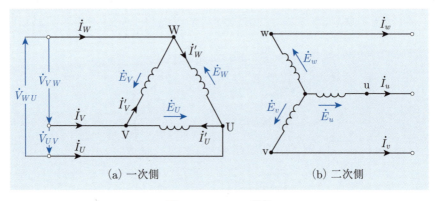

図 2.29 Δ−Y 結線

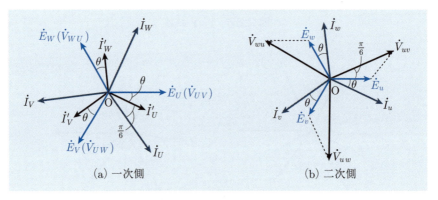

図 2.30 Δ−Y 結線のフェーザ図

(4) Y–Δ 結線

図 2.31 に示すように，一次側を Y 結線，二次側を Δ 結線としたものであり，フェーザ図は図 2.32 となる．この結線は，送電線の受電端に用いられる．

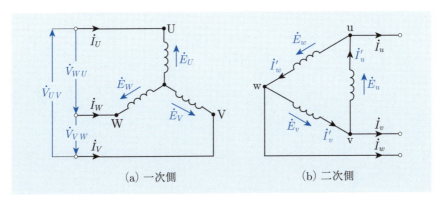

図 2.31　Y–Δ 結線

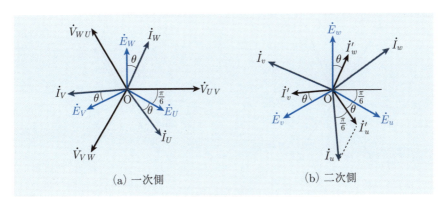

図 2.32　Y–Δ 結線のフェーザ図

(5) V–V 結線

図 2.33 に示すように 2 台の変圧器を用いて，一次側および二次側ともに V 結線にしたものであり，フェーザ図は図 2.34 となる．

Δ–Δ 結線では，二次側の各相巻線の定格電流を I_n，二次線間電圧を V_n とすると，線電流 I は $\sqrt{3}\,I_n$ となり，容量 P は，

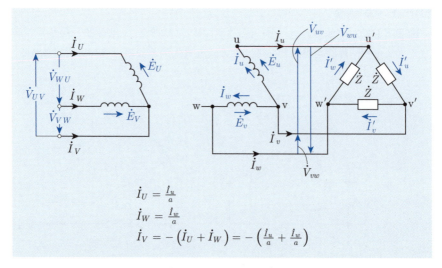

図 2.33　V–V 結線

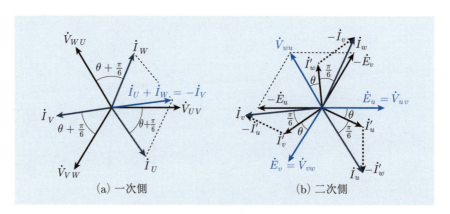

(a) 一次側　　(b) 二次側

図 2.34　V–V 結線のフェーザ図

$$P = \sqrt{3}\,V_n I = 3V_n I_n \ [\text{VA}] \tag{2.33}$$

これを V 結線にすると，$I = I_n$ であるから

$$P' = \sqrt{3}\,V_n I = \sqrt{3}\,V_n I_n = \frac{1}{\sqrt{3}} P = 0.577 P \tag{2.34}$$

となり，Δ 結線時の定格容量の 57.7% になる．つまり，57.7% の負荷しかかけ

2.5 変圧器の三相結線と並行運転　83

られないことになる.

また, 容量 $V_n I_n$ の変圧器 2 台で $\sqrt{3}\,V_n I_n$ となるから, **利用率**は

$$\frac{\sqrt{3}\,V_n I_n}{2 V_n I_n} = 0.866 \tag{2.35}$$

となり, 86.6%である.

2.5.3 並行運転

変圧器の負荷が増加した場合などに, 2 台以上の変圧器の一次側, 二次側を
それぞれ並列に接続して運転する. これを**並行運転**という. 並行運転を行う場
合には, 次の条件が必要となる.

(1)　各変圧器の極性が一致している.
(2)　各変圧器の巻数比が等しく, 一次および二次の定格電圧が等しい.
(3)　各変圧器の巻線抵抗と漏れリアクタンスの比 $\frac{r}{x}$ が等しい.
(4)　各変圧器の百分率インピーダンス降下が等しい.

(1) では, 二次側の極性を誤って接続すると, 二次巻線には二次起電力の和が
加わることになり, 二次巻線を焼損する. (2) では, 巻数比が等しくないと二次
電圧に差が生じ, この電圧差により二次巻線に**循環電流**が流れ, 巻線を過熱す
ることになる. (3) が満足されない場合, 各変圧器の電流に位相の差が生じ, 変
圧器の銅損が増加する. 一定の負荷電流に対して銅損を最小にするためには各
変圧器の電流が同相であることが必要である. (4) の条件は**負荷分担**を適切に
するために必要であり, 負荷の分担については次に説明する.

変圧器の二次側に換算した等価回路を**図 2.20** に示したが, 2 台の変圧器 a,
b を並行運転しているときの等価回路 (二次側換算) は, **図 2.35** のように簡単
化して表せる.

この図において, それぞれの変圧器のインピーダンス降下は等しくなるので,

$$I_{2a} Z_{2a} = I_{2b} Z_{2b} \tag{2.36}$$

となり,

$$\frac{I_{2a}}{I_{2b}} = \frac{Z_{2b}}{Z_{2a}} \tag{2.37}$$

それぞれの変圧器の二次定格電流を I_{2A} [A], I_{2B} [A] とし, 百分率インピー
ダンス降下を z_a [%], z_b [%] とすれば,

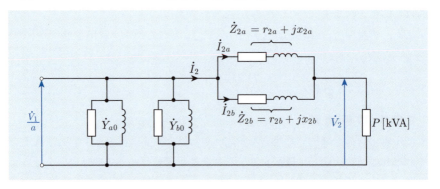

図 2.35　並行運転時の二次側に換算した等価回路

$$z_a = \frac{I_{2A}Z_{2a}}{V_2} \times 100 \tag{2.38}$$

$$z_b = \frac{I_{2B}Z_{2b}}{V_2} \times 100 \tag{2.39}$$

と表せ，これより

$$Z_{2a} = \frac{1}{100}\frac{z_a V_2}{I_{2A}} \tag{2.40}$$

$$Z_{2b} = \frac{1}{100}\frac{z_b V_2}{I_{2B}} \tag{2.41}$$

となる．

それぞれの変圧器の出力電力 P_a [kVA] と P_b [kVA] の比は，(2.37) 式より，

$$\frac{P_a}{P_b} = \frac{I_{2a}V_2}{I_{2b}V_2} = \frac{Z_{2b}}{Z_{2a}} \tag{2.42}$$

となる．

次に，(2.40) 式と (2.41) 式より，

$$\frac{Z_{2b}}{Z_{2a}} = \frac{\frac{z_b V_2}{I_{2B}}}{\frac{z_a V_2}{I_{2A}}} = \frac{\frac{P_A}{z_a}}{\frac{P_B}{z_b}} \tag{2.43}$$

ただし，$P_A = I_{2A}V_2$，$P_B = I_{2B}V_2$ であり，それぞれの変圧器の定格容量である．

以上のことより，負荷の電力 P は $P = P_a + P_b$ となるので，各変圧器の負荷分担 P_a, P_b を考えると，

2.5 変圧器の三相結線と並行運転

$$P_a = P \frac{\dfrac{P_A}{z_a}}{\dfrac{P_A}{z_a} + \dfrac{P_B}{z_b}} \tag{2.44}$$

$$P_b = P \frac{\dfrac{P_B}{z_b}}{\dfrac{P_A}{z_a} + \dfrac{P_B}{z_b}} \tag{2.45}$$

と求めることができる.

■ 例題 2.7 ■

一次および二次定格電圧が等しい A および B 2 台の単相変圧器がある. A は容量 10 kVA で % インピーダンス降下が 5% である. 一方, B は容量 30 kVA, % インピーダンス降下が 3% である. 実効抵抗とリアクタンスの比が A, B とも等しいこれらの変圧器を並列接続して二次側に 30 kVA の負荷をかけた場合の A, B 変圧器の負荷分担を求めよ.

【解答】 二次定格電圧 V_2, 変圧器 A, B のそれぞれの二次定格電流を I_A, I_B とすれば,

$$V_2 I_A = 10 \times 10^3 \ [\text{VA}]$$

$$V_2 I_B = 30 \times 10^3 \ [\text{VA}]$$

次に, 両変圧器のインピーダンスを Z_A, Z_B とすると,

$$Z_A = 0.05 \times \frac{V_2}{I_A} = 0.05 \times \frac{V_2^2}{V_2 I_A} = 5 \times 10^{-6} V_2^2 \ [\Omega]$$

$$Z_B = 0.03 \times \frac{V_2}{I_B} = 1 \times 10^{-6} V_2^2 \ [\Omega]$$

負荷の分担はインピーダンスに反比例するので,

$$\text{変圧器 } A \text{ には, } 30 \times \frac{1}{6} = 5 \ [\text{kVA}]$$

$$\text{変圧器 } B \text{ には, 残り } 25 \ [\text{kVA}]$$

となる.

2.6 各種変圧器

2.6.1 三相変圧器

　三相変圧を1台で行う変圧器を**三相変圧器**といい，送電系統などに大電力用として用いられている．単相変圧器と同様に図 2.36 に示す内鉄形と図 2.37 の外鉄形がある．

　三相変圧器を使用する場合は，単相変圧器を3台使用する場合と比較すると，鉄心材料の節約となり，軽量化し，据付け面積も小さい．また，ブッシング数，油量，タンクが小さくなり，結線が容易となる．しかし，単相変圧器を使用する場合と異なり，V結線での運転はできず，1相の故障に対しても全体を交換する必要がある．

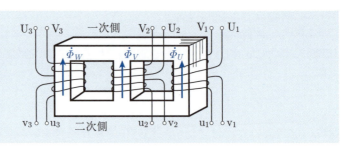

図 2.36　内鉄形

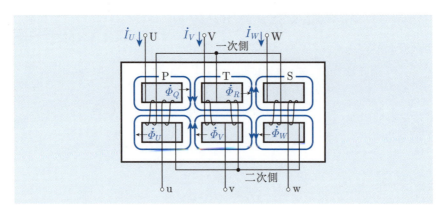

図 2.37　外鉄形

2.6.2 特殊変圧器

(1) 単巻変圧器

巻線の一部を図 2.38 に示すように一次側と二次側に共通に使用する．共通部分の巻線を**分路巻線**（巻数 N_2），共通でない部分を**直列巻線**という．

一次巻線に電圧 V_1 を印加すると，巻線のインピーダンス降下を無視すれば，二次端子には V_2 が現れ，一次および二次電流との関係も含めて巻数との関係を表すと，

$$\frac{\dot{V}_1}{\dot{V}_2} = \frac{\dot{I}_2}{\dot{I}_1} = \frac{N_1}{N_2} \tag{2.46}$$

となる．ただし，全体の巻数は N_1 である．

二次巻線部分の電力は $V_2(I_2 - I_1)$ [VA] であり，これを**単巻変圧器の自己容量**という．また，二次巻線から取り出せる出力は，$V_2 I_2$ [VA] であり，**負荷容量**という．

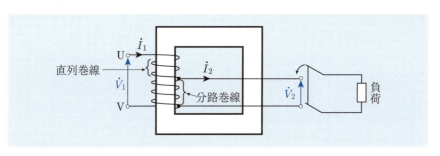

図 2.38　単巻変圧器

■ 例題 2.8 ■

図に示す単巻変圧器の定格一次電圧は 200 V で，定格二次電圧は 120 V である．一次側に定格電圧を印加したところ分路巻線電流 I_2 が 5 A であった．直列巻線に流れる電流 I_1 を求めよ．

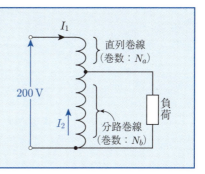

【解答】 巻数比は，
$$a = \frac{N_a + N_b}{N_b} = \frac{200}{120} = \frac{5}{3}$$
以上より，$N_a : N_b = 2 : 3$ となる．

理想変圧器と考えると，起磁力の代数和はゼロになるから，
$$N_a I_1 = N_b I_2$$
$$I_1 = \frac{N_b}{N_a} I_2 = \frac{3}{2} I_2 = 7.5 \text{ [A]}$$

(2) 計器用変成器

高電圧や大電流の交流を通常の計器で測定できるように変換する変圧器を計器用変成器といい，電圧測定用として**計器用変圧器**（**PT**: Potential transformer, **VT**: Voltage transformer），電流測定用として**変流器**（**CT**: Current transformer）がある．図 2.39 にこれらの接続法を示す．PT も CT も二次側は接地される．計器用変成器の二次側負荷は計器や継電器などであり，通常の変圧器負荷と区別するために**負担**（burden）と呼ばれる．一般に，計器用変圧器は一次電圧が定格電圧の場合，二次電圧が 100 V または 110 V になるようにしてあり，変流器は一次側に定格電流が流れるとき，二次電流が 1 A または 5 A になるようにしてあるのが標準である．

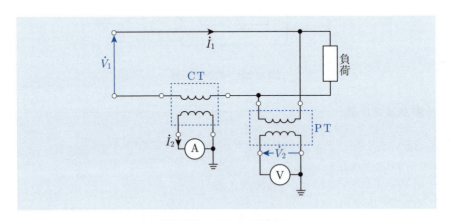

図 2.39 **PT** および **CT**

2章の問題

□ **2.1** 150 kVA の変圧器があり，鉄損は 1 kW，全負荷銅損は 2.5 kW である．力率 80%，定格電流が流れているときの効率を求めよ．また，このときの最大効率はいくらか．

□ **2.2** 20 kVA, 2200 V/220 V の単相変圧器があり，二次側を短絡して一次側に 86 V を印加した．このときの入力と電流を測定したところ，360 W, 10 A であった．一次側から見た漏れリアクタンスを求めよ．

□ **2.3** ある単相変圧器の励磁コンダクタンスが 1.51×10^{-6} S，励磁サセプタンスが 7.14×10^{-6} S である．この変圧器の一次側に定格電圧 6300 V を印加したときの鉄損電流 I_{0w} [A]，磁化電流 I_{00} [A]，励磁電流 I_0 [A] を求めよ．

□ **2.4** 単相変圧器を 3 台用いて次の図のように結線し，二次側の線間に負荷を接続したところ $\dot{I}_1$ の電流が流れた．$\dot{I}_A \sim \dot{I}_C, \dot{I}_U \sim \dot{I}_W$ を求めよ．巻数比は $a = \frac{n_1}{n_2}$ である．

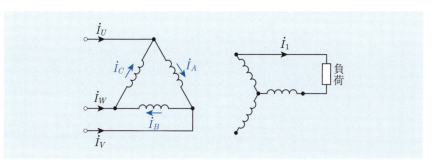

□ **2.5** 150 kVA, 11000 V/3000 V の単相変圧器がある．高圧側を短絡し低圧 3000 V 側より定格電流を流したところ，インピーダンスボルトは 138 V，インピーダンスワットは 1650 W を得た．この変圧器の百分率抵抗降下 p および百分率リアクタンス降下 q を求め，さらに定格負荷で遅れ力率 80% における電圧変動率 ε を求めよ．

90　　　　　　　　　　　第 2 章　変　圧　器

【参考文献】

[1]　宮入庄太「大学講義　最新電気機器学 改訂増補」，丸善，1979 年

[2]　多田隈進，石川芳博，常広譲「電気機器学基礎論」，電気学会，2004 年

[3]　エレクトリックマシーン＆パワーエレクトロニクス編纂委員会「エレクトリッ
　　　　クマシーン＆パワーエレクトロニクス［第 2 版］」，森北出版，2010 年

[4]　尾本義一，山下英男，山本充義，多田隈進，米山信一「電気機器工学 I（改訂
　　　　版）」，電気学会，1987 年

[5]　森安正司「実用電気機器学」，森北出版，2000 年

[6]　林千博，仁田工吉［編］「電気機器［2］」，オーム社，1984 年

[7]　野中作太郎「電気機器［I］」，森北出版，1973 年

[8]　西方正司「基本を学ぶ電気機器」，オーム社，2011 年

[9]　磯部直吉「電気機器 I」，東京電機大学出版局，1959 年

[10]　福島弘毅「電気機械工学 I」，朝倉書店，1966 年

[11]　深尾正，新井芳明［監修］「最新 電気機器入門」，実教出版，2007 年

第3章

誘 導 機

　誘導機は，変圧器と同様に電磁誘導作用により他方の巻線よりエネルギーを受けた巻線が回転する交流機である．誘導電動機は，産業用，家庭用など幅広い用途がある．これは，構造が簡単で堅牢であり，価格が比較的安く，取扱いが簡単で運転が容易であることなどが理由としてあげられる．誘導機には，誘導電動機の他に交流電圧を加減する誘導電圧調整器，交流電力を発生する誘導発電機，周波数を変換する誘導周波数変換器などがある．

　本章では，三相誘導電動機の原理，構造，理論，等価回路，特性，運転，特殊かご形誘導電動機および単相誘導電動機について述べる．

3.1 三相誘導電動機の原理と構造

3.1.1 回転磁界とトルクの発生原理

図 3.1 のように，円筒鉄心の内側にスロットを設け，3 個のコイルを互いに $\frac{2}{3}\pi$ [rad] ずらして配置する．これらに対称三相交流電流を流すと，図 3.2 に示すように合成磁束が発生する．合成磁束の向きは N, S 極で表されており，2 極が形成されていることがわかる．電流 i_a に注目すると，i_a が 1 周期流れる間に合成磁束が 1 回転していることがわかる．すなわち，**回転磁界**が 1 回転に要

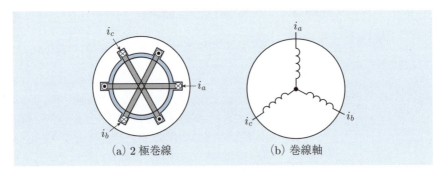

図 3.1 三相対称巻線

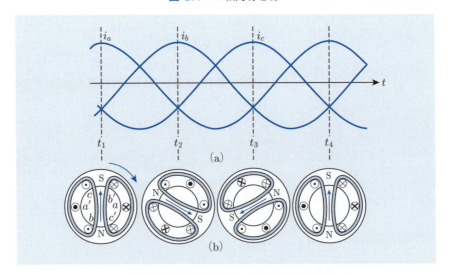

図 3.2 三相交流による 2 極回転磁界

する時間は，交流電流の周期 T に等しく，回転磁界の回転速度（**同期速度**という）n_s [s^{-1}] は，

$$n_s = \frac{1}{T} = f \tag{3.1}$$

次に，多極機の例として，4極機の場合を考えてみる．図 3.3 のように，6個のコイル $a_1 a_1' \sim a_2 a_2'$, $b_1 b_1' \sim b_2 b_2'$, $c_1 c_1' \sim c_2 c_2'$ を三相結線し，対称三相交流電流を流すと，図 3.4 に示す 4 極の回転磁界が生じる．図 3.3 は，時刻 t_1 のときを示している．i_a が正の最大値，i_b と i_c が負になっているので，各コイルに流れる電流の向きはこのようになる．4極以上の場合にもこれと同様に考えることができる．このような多極機では，**極対数**を p とすると，回転磁界は交流電流の 1 周期の間に $\frac{1}{p}$ 回転することになるので，交流の周波数を f [Hz] とす

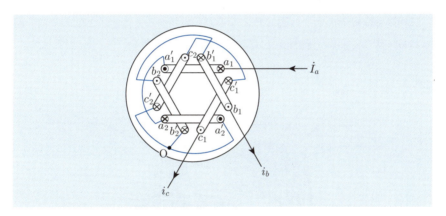

図 3.3　4 極機（$t = t_1$ のとき）

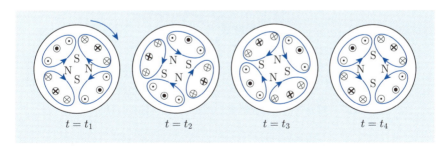

図 3.4　三相交流による 4 極回転磁界

れば，回転磁界の速度（同期速度）n_s [s^{-1}] は，

$$n_s = \frac{f}{p} \tag{3.2}$$

以上のようにしてエアギャップに回転磁界が発生すると，この磁界は回転子巻線を切り，回転子巻線に起電力を誘導し，電流が流れる．この電流と回転磁界により，**フレミングの左手の法則**に従って回転子に**トルク**が発生することになる．トルク発生のためには回転子巻線に起電力が発生し，電流が流れなければならず，そのためには磁界が回転子巻線を切る必要がある．したがって，誘導電動機の場合，回転子の速度は回転磁界の速度すなわち同期速度よりも必ず少し遅れることになる．

3.1.2 構　　造

三相誘導電動機の構造は図 3.5 となるが，大別すると固定子と回転子に分けられる．また，回転子構造より分類すると図 3.6 となる．

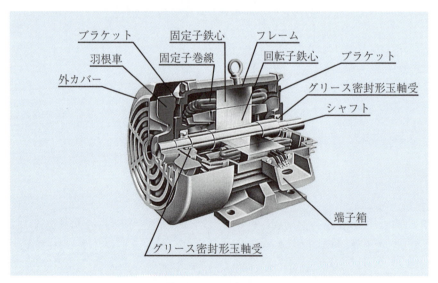

図 3.5　三相かご形誘導電動機の構造（提供：株式会社明電舎）

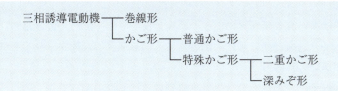

図 3.6 回転子構造による分類

(1) 固定子

　固定子は固定子枠，鉄心および巻線によって構成されている．

固定子鉄心　鉄損を防止するために 2～3% のケイ素を含ませた厚さ 0.35 mm または 0.5 mm の**無方向性ケイ素鋼板**を成層している．鉄心の内側表面には**ス ロット**が設けられており，巻線が収められる．図 3.7 のように，低電圧用では 半閉スロット，高電圧用では開放スロットが主に用いられる．この鉄心は固定 子枠によって保持される．

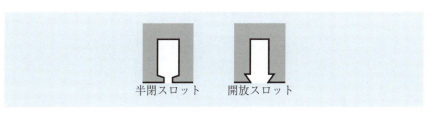

図 3.7　固定子スロット

固定子巻線　小容量機では丸線，大容量機では平角線が用いられ，絶縁の種別 (A, E, B, F, H 種) に応じてコイル絶縁されている．

(2) 回転子

回転子は鉄心および巻線によって構成されている．また，図 3.8 のようにかご形回転子と巻線形回転子に大別される．回転子鉄心は固定子鉄心と同じケイ素鋼板が用いられる．

かご形回転子　成層鉄心のスロットに裸の絶縁しない銅棒を差し込み，その両端を銅の端絡環で短絡する．15 kW 以下の低圧の一般用電動機に用いられる**アルミダイキャスト回転子**は，溶融したアルミニウムを回転子の鋳造枠に流し，かご形回転子と冷却ファンを同時に作るものである．

巻線形回転子　絶縁されたコイルを回転子スロットに収め，Δ または Y 結線の三相巻線としている．軸上には 3 個の**スリップリング**が設置されており，これら三相巻線の 3 端子が接続される．このスリップリングはブラシを経て外部の可変抵抗器に接続することができる．巻線形回転子の場合には，スリップリングとブラシの保守が必要である．

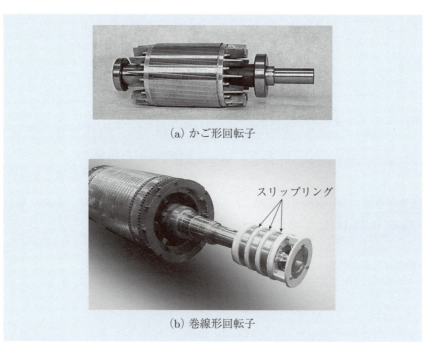

(a) かご形回転子

(b) 巻線形回転子

図 3.8　回転子の構造（提供：株式会社明電舎）

3.2 三相誘導電動機の理論

3.2.1 滑 り

三相誘導電動機に周波数 f_1 の対称三相交流電流を流すと，回転磁界が生じる．極対数を p とすれば，そのときの1分間当たりの速度 N_s [min^{-1}] は，

$$N_s = \frac{60 f_1}{p} \tag{3.3}$$

であり，これは同期速度である．

電動機が運転中の回転子の速度 N は，同期速度 N_s より小さく，N_s に対する N と N_s との差を滑り s [%] と呼び，次式で表される．

$$s = \frac{N_s - N}{N_s} \times 100 \tag{3.4}$$

一般に誘導電動機の滑りは小さく，全負荷において，小容量のもので3〜10%，中および大容量のもので1〜3%程度である．

■ 例題 3.1 ■
極対数 p，定格周波数 f [Hz] の三相誘導電動機が滑り s [%] で運転されているときの回転速度 N [min^{-1}] を求めよ．

【解答】 $N = \dfrac{60 f}{p} \left(1 - \dfrac{s}{100} \right)$

3.2.2 誘導起電力と電流

(1) 電動機が停止している場合

固定子（一次）巻線に励磁電流が流れると，回転磁界が生じ，これが一次巻線を切るのと同じ速さで回転子（二次）巻線をも切るため，変圧器と同じように一次および二次巻線に起電力が誘導される．一次巻線一相の誘導起電力を E_1 [V] とし，回転子が停止しているときの二次巻線に誘導される起電力を E_2 [V] とすれば，

$$E_1 = 4.44 k_1 N_1 f_1 \Phi \tag{3.5}$$

$$E_2 = 4.44 k_2 N_2 f_1 \Phi \tag{3.6}$$

ここで，k_1，k_2 は一次および二次の**巻線係数**であり，3.2.3 項で説明する．また，Φ は 1 極の平均磁束 [Wb] であり，N_1，N_2 は一次および二次一相の巻線数，f_1 は印加電圧の周波数 [Hz] である．

上式より，E_1 と E_2 の比 a をとり，この a を変圧器の巻数比に相当するものとして**有効巻数比**と呼ぶ．

$$a = \frac{E_1}{E_2} = \frac{k_1 N_1}{k_2 N_2} \tag{3.7}$$

(2) 電動機が回転している場合

回転子がある速度 N [min^{-1}] で回転している場合を考える．回転子には二次誘導起電力が生じているので二次巻線にも電流が流れている．このときの滑りは (3.4) 式で求められるが，ここでは s は小数で表されているものとすると，回転磁界と回転子の相対速度は $N_s - N = sN_s$ となり，回転子が静止しているときの s 倍となる．したがって，運転中の二次巻線に誘導されている起電力 E_{2s} や電流の周波数 f_{2s} は，

$$E_{2s} = sE_2 \tag{3.8}$$

$$f_{2s} = sf_1 \tag{3.9}$$

となる．なお，sf_1 は**滑り周波数**とよばれる．

滑り s の状態で電動機が運転されるとき，回転子巻線には電流が流れ，この電流によって回転子には起磁力が生じる．しかし，固定子と回転子間のエアギャップの磁束は一定に保たれなければならない．したがって，この起磁力を打ち消すように，固定子巻線に電流が流れる．この関係は，変圧器の場合と同様である．

電動機の二次巻線一相の抵抗を r_2 [Ω]，一相の漏れリアクタンスを x_2 [Ω] とすると，滑り s で運転している電動機の二次電流 I_2 [A] は，

$$I_2 = \frac{E_{2s}}{\sqrt{r_2^2 + (sx_2)^2}} = \frac{sE_2}{\sqrt{r_2^2 + (sx_2)^2}} \tag{3.10}$$

また，次式のように変形できる．

$$I_2 = \frac{E_2}{\sqrt{\left(\frac{r_2}{s}\right)^2 + x_2^2}} \tag{3.11}$$

3.2 三相誘導電動機の理論

二次巻線に二次電流が流れると，これによる起磁力を打ち消すように一次側に一次負荷電流 I_1' が流れる．有効巻数比 a を用いると，I_2 と I_1' の関係は，

$$I_1' = \frac{1}{a} I_2 \tag{3.12}$$

また，一次巻線に流れる全固定子電流である一次電流 $\dot{I}_1$ は，励磁電流 $\dot{I}_0$ （$= \dot{I}_{00} + \dot{I}_{0w}$）と一次負荷電流 $\dot{I}_1'$ のベクトル和となる．

$$\dot{I}_1 = \dot{I}_0 + \dot{I}_1' \tag{3.13}$$

3.2.3 巻線係数

巻線係数は，**分布係数** k_d と**短節係数** k_p の積 k で表される．なお，k_1 は一次巻線の巻線係数を表し，k_2 は二次巻線の巻線係数を表す．

(1) 分布係数

固定子巻線を**集中巻**とした場合には，起磁力分布は**図 3.9** で示すように方形波となる．このような起磁力で電動機を運転した場合には異常トルク，騒音，振動，温度上昇などの問題が生じる．そこで，**正弦波起磁力**に近づけるために固定子巻線を**分布巻**にする工夫がなされる．**図 3.10** は，毎極毎相のコイルが 3 つのスロットに分布して巻かれた場合の起磁力分布である．集中巻のときより，より正弦波に近い波形になっていることがわかる．相数 m （三相であれば 3），毎極毎相のスロット数を q （> 1）とすれば，スロットピッチ α は $\alpha = \frac{\pi}{mq}$ [rad] となる．各コイルの起磁力の基本波成分をベクトルとして $\dot{f}_1, \dot{f}_2, \ldots, \dot{f}_q$ と表せば，これらの起磁力は α の位相差を持つ．したがって，合成起磁力 $\dot{F}$ は，**図 3.11** のように表せる．分布巻にすると，起磁力の基本波成分は $qf_1 \rightarrow F$ に減少することがわかる．この減少の割合を**分布係数** k_d といい，次式のようにして求めることができる．

$$f_1 = 2R \sin \frac{\alpha}{2} \quad (3.14), \qquad F = 2R \sin \frac{q\alpha}{2} \tag{3.15}$$

$$k_d = \frac{F}{qf_1} = \frac{\sin \frac{\pi}{2m}}{q \sin \frac{\pi}{2mq}} \tag{3.16}$$

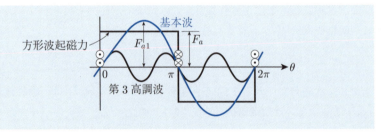

図 3.9 起磁力分布

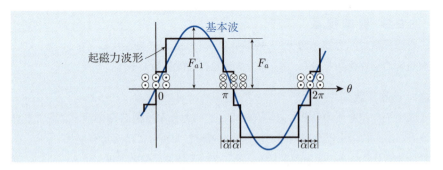

図 3.10 分布巻線一相分の起磁力分布

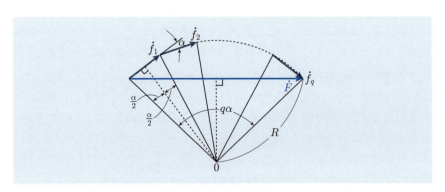

図 3.11 分布巻の合成起磁力

(2) 短節係数

ギャップ内の起磁力分布をさらに正弦波に近づけ，騒音・振動を低減することおよびコイル端を短くし，銅量の節約のために**短節巻**を採用する．これは，コイル辺間の幅（巻線ピッチ）を磁極間の幅（磁極ピッチ）より小さくなるように巻かれたコイルである．両者が等しくなるように巻かれたコイルを**全節巻**という．

コイルピッチを図 3.12 のように，$\beta\pi$（$\beta < 1$）とすると，コイルに流れる電流により全節巻では，誘導起電力 $\dot{V}_A + \dot{V}_B$ が発生するが，短節巻の場合には，$\dot{V}_A + \dot{V}_B'$ が発生する．全節巻では $\beta = 1$ であるから，誘導起電力の大きさは $V_A + V_B = 2V_A$ となる．一方，短節巻では $\beta < 1$ となり，図 3.13 に示す関係となり，

$$V = 2V_A \sin \frac{\beta}{2}\pi \tag{3.17}$$

より，短節係数 k_p は，次式で求められる．

$$k_p = \frac{V}{2V_A} = \sin \frac{\beta}{2}\pi \tag{3.18}$$

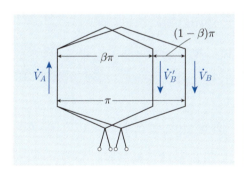

図 3.12　短節巻と全節巻

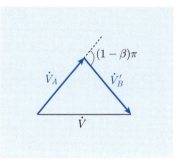

図 3.13　短節係数

3.3 三相誘導電動機の等価回路

3.3.1 等価回路

誘導電動機も変圧器の場合と同じように，等価回路で表すことができる．変圧器では，出力は電力であるが，電動機の場合には回転しているので**機械出力**となる．したがって，電動機では機械出力に等しいエネルギーを消費する負荷抵抗で表すことが必要である．

滑り s で運転中の誘導電動機においては，(3.11) 式に示した二次電流 I_2 が流れる．このときの一相分の回路は，図 3.14 のように表される．ただし，誘導起電力 $\dot{E}_1$ および $\dot{E}_2$ は，変圧器の等価回路と同様に逆起電力として表している．

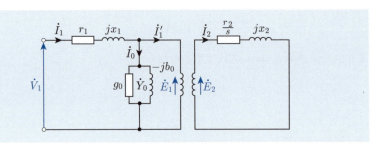

図 3.14 一相分の回路

二次入力を W_2 [W]，二次銅損を W_{2c} [W]，機械出力 W_{out} [W] とすると，

$$W_{out} = W_2 - W_{2c} \tag{3.19}$$

したがって，

$$W_{out} = \frac{I_2^2 r_2}{s} - I_2^2 r_2 = I_2^2 \left(\frac{1-s}{s}\right) r_2 \tag{3.20}$$

すなわち，$\frac{r_2}{s}$ は二次巻線の抵抗 r_2 と機械出力を表す負荷抵抗 $\frac{1-s}{s} r_2$ の和であり，回路は図 3.15 となる．（負荷抵抗を別にした回路）

次に，この回路の二次側諸量を一次側に換算することによって，図 3.16 の誘導電動機の等価回路を求めることができる．一次側に換算した二次抵抗，二次漏れリアクタンスおよび二次電流は以下の通りである．

$$r_2' = a^2 r_2 \tag{3.21}$$

$$x_2' = a^2 x_2 \tag{3.22}$$

3.3 三相誘導電動機の等価回路

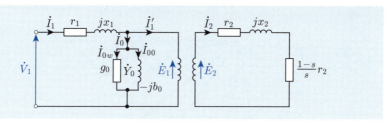

図 3.15　二次抵抗と負荷抵抗を分離した回路

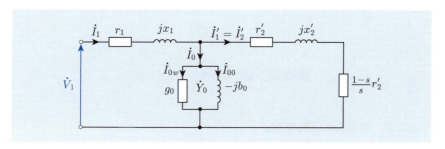

図 3.16　誘導電動機の等価回路（**T** 形等価回路）

$$\dot{I}'_2 = \frac{1}{a}\dot{I}_2 = \dot{I}'_1 \tag{3.23}$$

さらに，励磁電流による一次側インピーダンスでの電圧降下を無視して，励磁回路を電源側に移動した図 3.17 の等価回路を**簡易等価回路**と呼ぶ．この回路は比較的誤差が小さく，計算が簡単であることからよく用いられる．また，図 3.18 は誘導電動機のフェーザ図を示している．

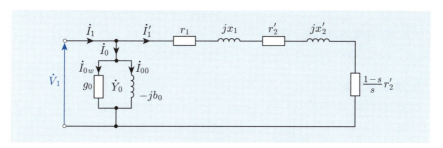

図 3.17　簡易等価回路（**L** 形等価回路）

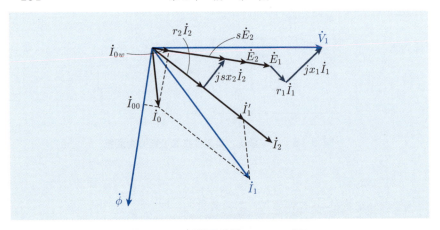

図 3.18　誘導電動機のフェーザ図

3.3.2　等価回路定数の決定

等価回路を用いて電動機の特性を算定するためには，回路の定数を知る必要がある．**普通かご形誘導電動機**および**巻線形誘導電動機**の簡易等価回路定数は次のようにして決定できる．

(1)　一次巻線抵抗測定

一次巻線各端子間の巻線抵抗を直流で測定し，3 つの端子間の平均値を R_t [Ω] とすると，一相分の抵抗は $\frac{R_t}{2}$ となる．いま，測定温度を t [°C] とすると，基準巻線温度 T [°C] に換算した一相当たりの**一次巻線抵抗**は次式となる．

$$r_1 = \frac{R_t}{2}\frac{234.5+T}{234.5+t} \tag{3.24}$$

ここで，**基準巻線温度**は耐熱クラスにより異なり，A〜E のクラスでは 75 °C，B, F, H ではそれぞれ 95 °C, 115 °C, 130 °C である．

(2)　無負荷試験

定格周波数，定格電圧の対称三相電圧を印加して無負荷運転を行い，そのときの端子電圧 V，無負荷電流 I_0，無負荷入力 W_0 を測定する．

図 3.19 に示すように，印加電圧を定格値から徐々に下げながら電圧に対する入力の変化を求め，その曲線を電圧零の点まで補外すれば**機械損** W_m [W] が求

3.3 三相誘導電動機の等価回路

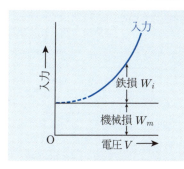

図 3.19 機械損の分離

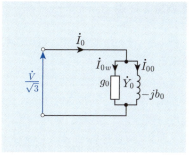

図 3.20 無負荷試験時の等価回路

められる．**無負荷試験時**は滑り s はほぼゼロとなり，等価回路は**図 3.20** のようになる．これより，回路定数 g_0 および b_0 は機械損を考慮すると次式になる．

$$g_0 = \frac{W_0 - W_m}{3\left(\frac{V}{\sqrt{3}}\right)^2} \quad (3.25), \quad b_0 = \sqrt{\left(\frac{I_0}{\frac{V}{\sqrt{3}}}\right)^2 - g_0^2} \quad (3.26)$$

(3) 拘束試験

回転子が回転しないように拘束し，定格周波数の低電圧を印加し，定格電流あるいはそれに近い電流を流し，そのときの印加電圧 V_s，入力電流 I_s，入力 W_s を測定する．**拘束試験時**では $s = 1$ となり，また電圧が低いため励磁電流を無視すると，等価回路は**図 3.21** のようになる．したがって，回路定数 r_2'，$x_1 + x_2'$ は，次式になる．

$$r_2' = \frac{W_s}{3I_s^2} - r_1 \quad (3.27), \quad x_1 + x_2' = \sqrt{\left(\frac{\frac{V_s}{\sqrt{3}}}{I_s}\right)^2 - (r_1 + r_2')^2} \quad (3.28)$$

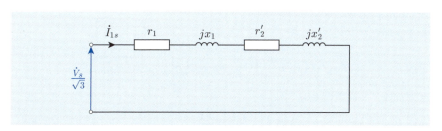

図 3.21 拘束試験時の等価回路

106 第3章 誘 導 機

■ **例題 3.2** ■

　25 kW, 220 V, 60 Hz, 8 極の三相誘導電動機があり，無負荷試験と拘束試験を行った．その結果は以下の通りである．簡易等価回路定数 g_0, b_0, r_2', $x_1 + x_2'$ を求めよ．

　無負荷試験結果　220 V, 23 A, 1200 W

　拘束試験結果　49.5 V, 90 A, 2380 W

　機械損　　　　400 W

　一相分の一次巻線抵抗値　0.04 Ω（温度換算後の値）

【解答】　$g_0 = \dfrac{\frac{1200-400}{3}}{\left(\frac{220}{\sqrt{3}}\right)^2} = 0.0165$ [S]

$Y_0 = \dfrac{23}{\frac{220}{\sqrt{3}}} = 0.181$ [S]

$b_0 = \sqrt{0.181^2 - 0.0165^2} = 0.180$ [S]

$r_2' = \dfrac{\frac{2380}{3}}{90^2} - 0.04 = 0.0579$ [Ω]

$$x_1 + x_2' = \sqrt{\left(\dfrac{\frac{49.5}{\sqrt{3}}}{90}\right)^2 - \left(\dfrac{\frac{2380}{3}}{90^2}\right)^2} = 0.302 \text{ [Ω]}$$

$$g_0 = 0.0165 \text{ [S]}, \quad b_0 = 0.180 \text{ [S]}, \quad r_2' = 0.0579 \text{ [Ω]}$$

$$x_1 + x_2' = 0.302 \text{ [Ω]}$$

3.3.3　等価回路による特性算定

　簡易等価回路を用いて三相誘導電動機の特性を近似的に算定することができる．以下に定格相電圧 V_1 を印加し滑り s で運転している電動機の**特性算定式**を示す．

　インピーダンスを

$$Z = \sqrt{\left(r_1 + \dfrac{r_2'}{s}\right)^2 + (x_1 + x_2')^2} = \sqrt{R^2 + X^2}$$

とすれば，一次負荷電流 I_1' は

$$I_1' = \dfrac{V_1}{Z} \tag{3.29}$$

3.3 三相誘導電動機の等価回路 **107**

また，励磁電流 I_0，一次電流 I_1 および力率 $\cos\theta_1$ は，

$$I_0 = V_1\sqrt{g_0^2 + b_0^2} \tag{3.30}$$

$$I_1 = V_1\sqrt{\left(g_0 + \frac{R}{Z^2}\right)^2 + \left(b_0 + \frac{X}{Z^2}\right)^2} \tag{3.31}$$

$$\cos\theta_1 = \frac{g_0 + \frac{R}{Z^2}}{\sqrt{\left(g_0 + \frac{R}{Z^2}\right)^2 + \left(b_0 + \frac{X}{Z^2}\right)^2}} \tag{3.32}$$

次に，入出力，損失および効率などについて算定式を示す．一次入力，二次入力，鉄損，一次銅損，二次銅損，機械出力，軸出力，効率をそれぞれ W_1, W_2, W_i, W_{1c}, W_{2c}, W_{out}, W, η とすると，

$$W_1 = 3V_1I_1\cos\theta_1 = 3V_1^2\left(g_0 + \frac{R}{Z^2}\right) \tag{3.33}$$

$$W_i = 3V_1I_{0w} = 3V_1^2 g_0 \tag{3.34}$$

$$W_{1c} = 3I_1'^2 r_1 = 3\left(\frac{V_1}{Z}\right)^2 r_1 \tag{3.35}$$

$$W_2 = W_1 - W_i - W_{1c} = 3I_1'^2\frac{r_2'}{s} = 3\left(\frac{V_1}{Z}\right)^2\frac{r_2'}{s} \tag{3.36}$$

$$W_{2c} = 3I_1'^2 r_2' = 3\left(\frac{V_1}{Z}\right)^2 r_2' = sW_2 \tag{3.37}$$

$$W_{out} = W_2 - W_{2c} = 3\left(\frac{V_1}{Z}\right)^2\frac{1-s}{s}r_2' = (1-s)W_2 \tag{3.38}$$

$$W = W_{out} - W_m \tag{3.39}$$

$$\eta = \frac{W}{W_1} \tag{3.40}$$

なお，**効率**の計算にあたっては機械損を無視する場合もあり，そのときには (3.40) 式において，W の代わりに W_{out} を使用する．

電動機の機械出力 W_{out} [W] から，**トルク** T [N·m] は次式のように求められる．

$$T = \frac{W_{out}}{\omega_m} \tag{3.41}$$

ここで，ω_m は電動機の**機械角速度**である．**電気角速度** ω_e との関係は，極対数 p を用いると，

$$\omega_e = p\omega_m$$

となる．また，機械角で表した**同期角速度**を ω_s とすると，$\omega_m = (1-s)\omega_s$ であり，$W_{out} = (1-s)W_2$ であることから，これらを (3.41) 式に代入すると，

$$W_2 = \omega_s T \tag{3.42}$$

となる．これは**同期ワット**あるいは同期ワットで表したトルクと呼ばれ，電動機がトルク T を発生しながら同期角速度 ω_s で回転していると仮定したときの出力に等しい．

誘導電動機のパワーフローは**図 3.22** となる．二次入力の一部は二次銅損となり，残りは機械出力になる．この関係は，(3.36) 式〜(3.38) 式より次のように求めることができる．

$$W_2 : W_{2c} : W_{out} = 1 : s : (1-s) \tag{3.43}$$

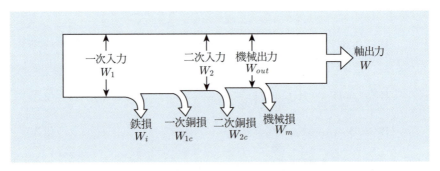

図 3.22　誘導電動機のパワーフロー（簡易等価回路に基づく）

3.3 三相誘導電動機の等価回路　　　109

■ **例題 3.3** ■

　50 Hz, 10 極の三相誘導電動機を負荷運転したとき，滑りは 3% であった．このときの二次入力が 41.2 kW である場合，電動機に発生しているトルク [N·m] を求めよ．

【解答】　二次入力 (W_2)：出力 $(W_{out}) = 1 : (1 - s)$ の関係より

$$W_{out} = W_2(1 - s) = 41.2 \times (1 - 0.03) = 39.96$$

したがって，トルク T は，

$$T = \frac{W_{out}}{\omega_m} = \frac{39960}{2\pi \times \frac{50}{5} \times (1 - 0.03)} = 656 \ [\text{N} \cdot \text{m}]$$

■ **例題 3.4** ■

　4 極, 50 Hz, 200 V の三相かご形誘導電動機があり，一相分の簡易等価回路定数は以下の通りである．この電動機が滑り 3.4% で運転されているとき，回転速度，一次負荷電流，二次入力，二次損失，出力，トルクを計算せよ．

$$g_0 = 0.411 \ [\text{S}], \quad b_0 = 0.622 \ [\text{S}], \quad r_1 = 0.4 \ [\Omega], \quad r_2' = 0.34 \ [\Omega],$$

$$X = x_1 + x_2' = 1.12 \ [\Omega]$$

【解答】　回転速度 N は

$$N = \frac{60 \times 50}{2} \times (1 - 0.034) = 1449 \ [\text{min}^{-1}]$$

一次負荷電流 I_1' は

$$I_1' = \frac{\frac{200}{\sqrt{3}}}{\sqrt{\left(0.4 + \frac{0.34}{0.034}\right)^2 + 1.12^2}} = 11.0 \ [\text{A}]$$

二次入力 W_2 は

$$W_2 = 3 \times (11.0)^2 \times \frac{0.34}{0.034} = 3630 \ [\text{W}]$$

二次損失 W_{2c} は

$$W_{2c} = 3 \times (11.0)^2 \times 0.34 = 123.4 \ [\text{W}]$$

出力 W_{out} は

$$W_{out} = W_2 - W_{2c} = 3507 \ [\text{W}]$$

トルク T は

$$T = \frac{3507}{2\pi \times \frac{1449}{60}} = 23.1 \ [\text{N} \cdot \text{m}]$$

3.4 三相誘導電動機の特性

図 3.23 は，誘導機の特性曲線および動作領域を示している．以下で各動作領域について説明する．

3.4.1 発電機および制動機動作

(1) 発電機動作

滑り $s < 0$ の領域においては，滑りを表す (3.4) 式よりわかるように，回転子速度 N が同期速度 N_s よりも大きくなる．すなわち，回転子は同期速度以上の速度で回転磁界と同方向に回転している場合となる．図 3.23 よりわかるように，このとき一次入力 W_1 および二次入力 W_2（トルク T），機械出力 W_{out} はいずれも負となる．したがって，これらは同図に示されているように，W_{out} は機械入力，W_1 は電気出力となる．トルクは回転方向とは逆方向の制動トルクとなり，発電機の動作になる．巻上機やクレーンなどで重量物を降下する場合がこれにあたり，発電電力を電源に戻して制動する**回生制動**になる．

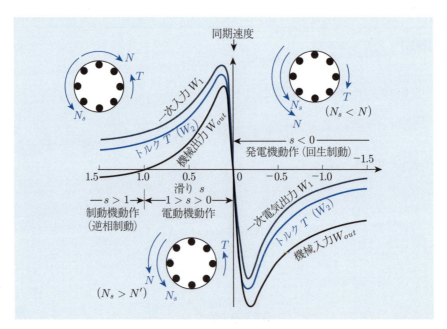

図 3.23 誘導機の特性曲線と動作領域

(2) 制動機動作

滑り $s > 1$ の領域においては，回転子速度 N が負の値になる．すなわち，回転子は回転磁界と反対の方向に回転している場合となる．このとき図 3.23 よりわかるように，トルクは回転磁界方向に発生しており，回転子に対しては制動トルク（負トルク）となる．この動作は，外部から強制的に回転磁界と反対方向に回転子を回転している場合である．

3.4.2 電動機特性

滑り $1 > s > 0$ の領域においては，トルクと回転子の回転方向が同じであり，誘導電動機としての動作領域である．

三相誘導電動機は負荷によって回転速度が変わり，滑りが変わるため二次電流，一次電流，出力など各特性も変化する．図 3.24 は，一定周波数の一定電圧を印加したとき，滑り s に対し，効率，力率，電流，トルク，出力の変化を示したものであり，**速度特性曲線**と呼ばれている．

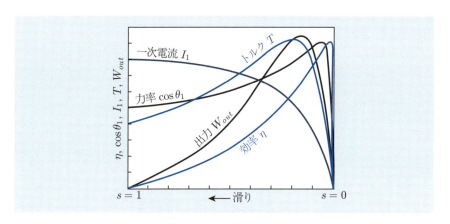

図 3.24 速度特性曲線

(3.36) 式で示した二次入力 W_2 は，すでに述べたように同期ワットとも呼ばれ，電動機がトルク T を発生しながら同期角速度 ω_s で回転していると仮定したときの出力に等しい．したがって，

$$W_2 = 2\pi \frac{N_s}{60} T \tag{3.44}$$

と表せる．また，

$$N_s = \frac{60}{p} f_1 \tag{3.45}$$

さらに，(3.42) 式より，

$$T = \frac{W_2}{\omega_s} \tag{3.46}$$

であり，(3.36) 式を用いて整理すると，

$$T = \frac{p}{2\pi f_1} \frac{3V_1^2 \frac{r_2'}{s}}{\left(r_1 + \frac{r_2'}{s}\right)^2 + (x_1 + x_2')^2} \tag{3.47}$$

上式より，トルクは一定の滑りにおいては，印加電圧の 2 乗に比例することがわかる．滑り s とトルク T の関係を示すと，図 3.25 となる．これは**トルク–速度曲線**と呼ばれる．この曲線において，始動時滑り $s = 1$ のときのトルクは始動トルクと呼ばれ，(3.47) 式において $s = 1$ を代入すれば得られる．**始動トルク**は比較的小さい．滑り s の減少に伴いトルクは次第に増加し，m 点で最大トルクとなる．その後はトルクが急減し，$s \approx 0$ でトルクも 0 になる．三相誘導電動機の実際の運転領域は m 点より右側の斜線の範囲であり，滑りは通常定格負荷で数 % 程度である．

出力に対し，トルク，電流，速度，力率，効率の変化を示す曲線を出力特性曲線と呼び，図 3.26 に示す．

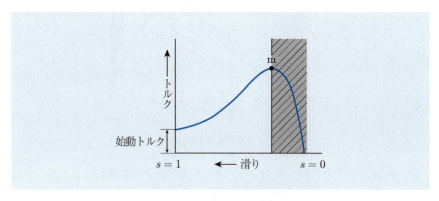

図 3.25　トルク–速度曲線

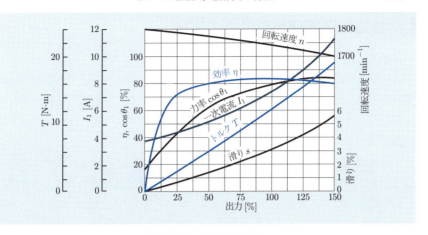

図 3.26　出力特性曲線

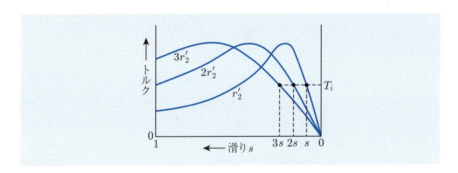

図 3.27　トルクの比例推移

3.4.3 比 例 推 移

　(3.47) 式より，トルク T は $\frac{r_2'}{s}$ の関数として表される．したがって，$\frac{r_2}{s}$ が一定であればトルクの値は変わらない．誘導電動機の二次回路の抵抗が増して kr_2 になったとき，滑り s も ks になったとするとトルクは変わらない．図 3.27 は，トルクの **比例推移** を示しており，トルク–速度曲線が二次回路の抵抗の変化に比例して移動することをいう．この関係は，巻線形誘導電動機において始動トルクを大きくしたり，あるいは速度制御に応用される．

　この比例推移は，変数 s が $\frac{r_2'}{s}$ のみの関数となる一次電流，力率，一次入力，二次入力にも現れる．

3.5 三相誘導電動機の運転

3.5.1 始 動 法

　三相誘導電動機に直接定格電圧を印加すると，定格電流の 5～7 倍程度の始動電流が流れ，電源に対して電圧降下を引き起こしたり，電動機巻線の過熱を引き起こしたりする．そこでかご形誘導電動機の始動には以下に述べるような**始動法**が採用される．

全電圧始動法　一般に 5 kW 程度以下のかご形機に用いられる方法で，直接定格電圧を印加する．全負荷電流の 5～7 倍程度の始動電流が流れるが，小容量のため影響が少ない．大容量の電源を設置しているところでは数百 kW 以上の特殊かご形誘導電動機（3.6 節）を全電圧始動する場合もある．

Y–Δ 始動法　かご形誘導電動機の容量が大きくなり，全電圧始動が不可能なものに用いられる．図 3.28 のように電動機の一次巻線を Y–Δ 始動器に接続する．始動時には Y 接続とし，速度が上昇した後に Δ 接続として運転する方法である．始動時は，固定子巻線一相に加わる電圧が線間電圧の $\frac{1}{\sqrt{3}}$ になるので始動電流も $\frac{1}{\sqrt{3}}$ になる．したがって，Δ 接続のまま始動したときの線電流の $\frac{1}{3}$ の始動電流になる．しかし，トルクは印加電圧の 2 乗に比例することから始動トルクも $\frac{1}{3}$ に減少するので，無負荷あるいは軽負荷時の適用に制限される．

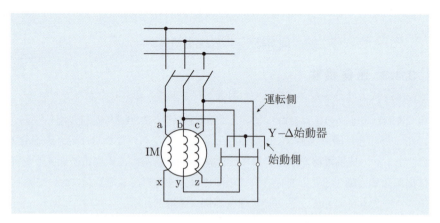

図 3.28　Y–Δ 始動法

3.5 三相誘導電動機の運転

始動補償器法 三相単巻変圧器を用いて減圧始動する方法である．図 3.29 において S_3 を閉じ，S_2 を閉じれば電動機は始動電圧を下げ，始動電流を制限して始動する．ほぼ全速度に近づいたとき S_3 を開き，S_1 を閉じて全電圧で運転に入る．電圧を $\frac{1}{k}$ に下げるとトルクは $\frac{1}{k^2}$ となる．このとき電動機に流れる電流は $\frac{1}{k}$ になるが，変圧器の高圧側ではさらにその $\frac{1}{k}$ となり，電源に対しては全電圧始動時の $\frac{1}{k^2}$ の始動電流になる．

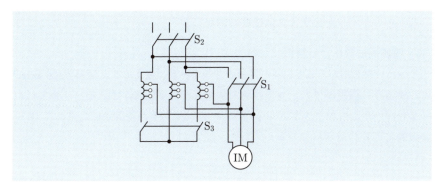

図 3.29 始動補償器法

この方法では加速後，全電圧に切り換えるとき十分に速度が上昇しないために突入電流が発生する恐れがある．そこで切り換えのときに S_3 を開いたままにすれば補償器の一部がリアクトルとして一次巻線に挿入されたことになり，電流を抑制することができる．その後 S_1 を閉じれば全電圧運転となる．これを**コンドルファ始動**という．

次に，巻線形誘導電動機の始動法としては，3.4.3 項で述べたように，始動時，スリップリングに接続した外部抵抗値によって始動トルクを増加し，同時に始動電流を制限することができる．加速するにつれて抵抗を減らし，最終的に抵抗を短絡し，定常運転状態になる．

3.5.2 速度制御法

三相誘導電動機の速度 N [min^{-1}] は次式で表される.

$$N = \frac{60f}{p}(1-s) \tag{3.48}$$

ただし,このときの滑りは小数で表している.

上式において,速度を制御するために可変可能なのは,電源周波数 (f), 電動機の極対数 (p), そして滑り (s) である.したがって,かご形誘導電動機ではこれらのいずれかを変えれば**速度制御**ができる.

(1) 電源周波数による制御

インバータを用いることにより電源周波数を容易に変えることができ,**図 3.30** に示すように広範囲にわたり無段階で効率よく速度制御ができる.本書では取り扱わないが,精密な速度制御を行うためにはベクトル制御が開発されており,産業的に広く利用されている.

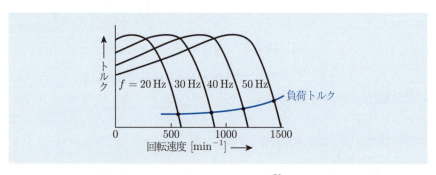

図 3.30 電源周波数による制御 ($\frac{V_1}{f}$ 一定制御)

(2) 一次電圧による制御 (s を変える)

(3.47) 式で示したように,電動機の発生トルクは印加電圧 V_1 の 2 乗に比例することから,二次抵抗を高く作ったかご形電動機などを用いて一次電圧を変化すると**図 3.31** に示すように限定された範囲で速度制御を行うことができる.しかし,滑りが大きくなり二次銅損が増えるため効率が悪い.

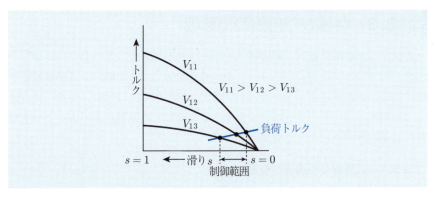

図 3.31　一次電圧による制御

(3) 極対数による制御（p を変える）

　一次巻線の接続を切り換えて異なる極数を得る方式であり，**極数切換誘導電動機**として知られている．通常，2 ないし 3 段の切り換えができるが，速度の変化は不連続になる．

　次に，巻線形誘導電動機の場合では**スリップリング**を通して回転子回路に外部抵抗を接続することが可能なので，これを利用して滑りを変え速度制御を行うことができる．始動において利用したが，比例推移を速度制御に対しても利用するものであり，抵抗を挿入して二次抵抗を大きくすると速度制御範囲は広がる．しかし，二次銅損の増加により効率は悪くなる．通常は同期速度の約 40% 程度の速度制御範囲となる．

　その他に二次励磁による方法がある．これは，誘導電動機の二次回路に周波数変換器を接続し，二次周波数に等しい周波数の電圧を外部から加え（これを**二次励磁**という），大きさと位相を変化し滑りおよび力率を制御する方法である．そのうちの 1 つ**静止セルビウス方式**では，主誘導電動機の二次出力を整流器により整流し，インバータにより電源周波数の電力に変えて電源に返還し，サイリスタインバータのゲート制御により速度を制御する方法である．また，**クレーマー方式**では，誘導電動機と直流電動機を直結し，誘導電動機の二次出力を整流器により整流して直流電動機を駆動し，動力を負荷に与える．速度制御は直流電動機の界磁制御により行われる．

3.6 特殊かご形誘導電動機

普通かご形誘導電動機は**始動特性**が悪く，始動電流が大きいわりには始動トルクが小さいという欠点がある．この欠点を改善したのが**特殊かご形誘導電動機**である．回転子の滑り周波数 sf の変化を利用して，自動的に始動時における二次抵抗を高くし，運転時には低くなるようにした電動機である．この電動機には回転子形状により 2 種類ある．

3.6.1 二重かご形誘導電動機

回転子は**図 3.32** に示すように，二重の導体を入れることができるように 2 段のスロットを設けている．外側導体 A は断面積が小さく高抵抗になっているが，内側導体 B は断面積が大きく低抵抗になっている．導体 B は深いところにあり導体 A よりも漏れ磁束が多く鎖交し，**漏れリアクタンス**が大きい．したがって，始動時二次周波数 sf が高いときにはリアクタンスの影響が大きくなり，大部分の二次電流は抵抗が高い導体 A に流れる．その結果，二次抵抗の高い電動機として始動され，大きな始動トルクを得ることができる．回転子が加速され定常運転になると，s が小さくなるので二次周波数は低くなり二次電流は導体 B に主に流れることになる．このように，特殊かご形機では始動特性が改善されることで比較的大容量機まで全電圧始動を採用できる．

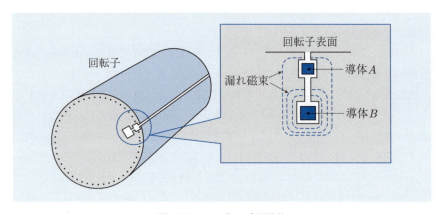

図 3.32　二重かご形導体

3.6.2 深みぞ形誘導電動機

回転子は図 3.33 に示すように，縦横比の大きい細長い断面の導体形状である．原理は二重かご形機と同じである．始動時，導体の内側では**漏れリアクタンス**が大きいことから図のように電流密度は回転子表面が大きくなる．したがって，始動電流の大部分は回転子の外側に流れ，導体全体の実効抵抗が増したことになり，大きな始動トルクを得ることができる．定常運転時には，二次周波数は低くなるので，漏れリアクタンスも小さくなり導体内の電流密度は一様となる．

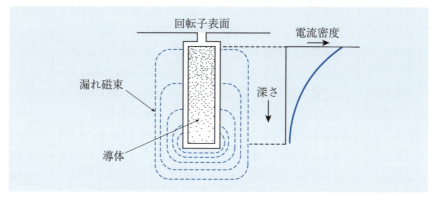

図 3.33　深みぞ形導体

3.7 単相誘導電動機

単相誘導電動機は容易に得られる単相電源により使用できる数百 W までの小容量電動機である．その用途は広く，家庭用電気機器や小形作業機械などに多く使われている．

3.7.1 原理と構造

固定子巻線は単相巻線であり，全スロットの約 $\frac{2}{3}$ を使用して主巻線が施されている．回転子はかご形三相誘導電動機と同じようにかご形である．このような誘導電動機を**純単相誘導電動機**という．この固定子の単相巻線に単相交流電圧を印加すると大きさと方向が周期的に変わる交番磁界を発生するが，回転磁界を発生することはなく，始動トルクが得られず自己始動ができない．しかし，いずれかの方向に外部から力を加えると，その方向に回転を始める．

一次巻線による交番磁束 $\dot{\Phi}$ は，図 3.34 に示すように，最大磁束 Φ_m の $\frac{1}{2}$ の大きさで互いに反対方向に同期速度で回転する 2 つの回転磁束 $\dot{\Phi}_a, \dot{\Phi}_b$ に分解できる．いま，回転子が正方向である反時計方向の回転磁界 $\dot{\Phi}_a$ に対して滑り s で回転したとすると，回転子は時計方向の回転磁界 $\dot{\Phi}_b$ に対しては $(2-s)$ の滑りで回転することになる．したがって，二次巻線には sf [Hz] と $(2-s)f$ [Hz] の二次電流が存在していると考えることができる．

回転磁界 $\dot{\Phi}_a$ による正方向トルクを T_a，$\dot{\Phi}_b$ による負方向のトルクを T_b とすれば，図 3.35 に示すトルク–速度曲線が得られる．実線は正方向と負方向のトルクの合成トルク T を示している．$s=1$ のとき，合成トルクはゼロとなって

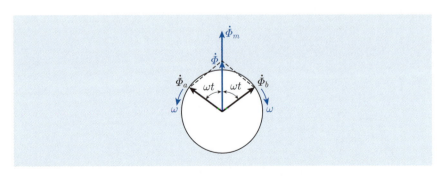

図 3.34　交番磁束と回転磁束

3.7 単相誘導電動機

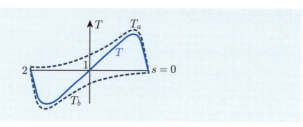

図 3.35　トルク–速度曲線

いることがわかる．このように，純単相誘導電動機では始動トルクがゼロとなり，このままでは実用上困るので何らかの方法によって始動トルクを発生するように工夫する必要がある．

3.7.2　各種単相誘導電動機

純単相誘導電動機を**自己始動**するためにいくつかの始動方法がある．ここでは，その始動方法によって異なる名称がついている各種の単相誘導電動機について述べる．単相誘導電動機は，同定格の三相誘導電動機に比較すると，効率，力率が劣り，サイズや重量も大きくなる．

(1)　コンデンサモータ

図 3.36(a) に示すように，**補助巻線**に直列にコンデンサを挿入し，**主巻線**に流れる電流よりも進んだ電流を流すことで回転磁界を作る方式の単相誘導電動機の総称である．始動時に最適なコンデンサの値は，運転時に最適となる値の 5 倍程度である．**コンデンサモータ**には，(i) コンデンサ始動形モータ，(ii) 永久コンデンサモータ，(iii) 二値コンデンサモータの三種類がある．

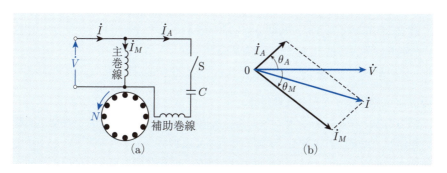

図 3.36　コンデンサ始動形モータ

(i) コンデンサ始動形モータ

始動時にはコンデンサを挿入するが，同期速度の 80% 近くまで加速後コンデンサを電源から切り離す．スイッチは遠心力スイッチが用いられる．また，コンデンサは交流用電解コンデンサが多く用いられる．**図 3.36(b)** に示すように，補助巻線電流 i_A は主巻線電流 i_M よりほぼ 90° 位相が進み，円に近い回転磁界を発生し始動トルクを生じる．

(ii) 永久コンデンサモータ

図 3.37 に示すように，始動時および運転時とも一定のコンデンサを常時接続しているもので，コンデンサの値は始動時と運転時に各々最適な値の中間になる．このモータは効率や力率が高く，トルク脈動も小さいが，始動トルクが小さいので扇風機や洗濯機などに用いられる．

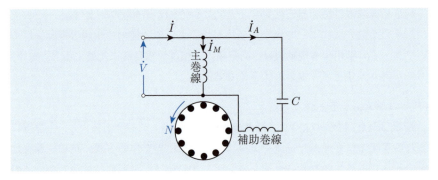

図 3.37 永久コンデンサモータ

(iii) 二値コンデンサモータ

図 3.38 に示すように，補助巻線に常時接続された運転用コンデンサと並列に始動時のみ大容量のコンデンサを接続できるようにしたものである．始動特性，運転特性ともよい．

(2) くま取りコイル形誘導電動機

図 3.39 に示すように，固定子が突極構造になっており，磁極の一部に 1 回巻の短絡コイルがはめ込まれている．これをくま取りコイルと呼んでいる．くま取りコイルを通過する交番磁束 $\dot{\Phi}_S$ は，コイルに短絡電流を流して磁束の変化

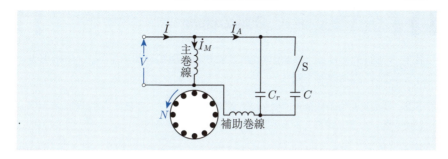

図 3.38　二値コンデンサモータ

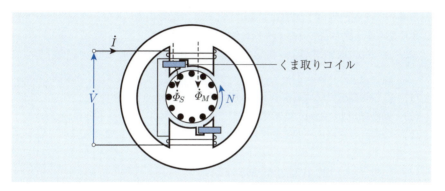

図 3.39　くま取りコイル形単相誘導電動機

を妨げるように作用する．したがって，$\dot{\Phi}_S$ は主磁束 $\dot{\Phi}_M$ より時間的に遅れて変化する．これより，ギャップに沿って $\dot{\Phi}_M$ から $\dot{\Phi}_S$ の方向に磁束が移動し，移動磁界ができるので始動トルクが生じ，回転子は矢印の方向に回転する．電動機の回転方向はくま取りコイルの位置によって決まるので回転方向を変えることはできない．

　くま取りコイル形単相誘導電動機は始動トルクがきわめて小さく，くま取りコイルの銅損のため効率も悪いが，構造が簡単丈夫であり，安価なため数十 W 以下の電動機として今なお使用されている．

3章の問題

☐ **3.1** 時刻 t における，ある位置 θ の磁束密度が $B(\theta, t) = B_m \cos\omega t \sin\theta$ と表せるときこの磁界の名称を記せ．

☐ **3.2** 誘導電動機の機械角速度 ω_m と電気角速度 ω との関係は，電動機の極対数 p を使うとどのように表せるか．

☐ **3.3** 特殊かご形誘導電動機の名称を2つあげ，普通かご形機と比較し，始動時における特性上の特長を述べよ．

☐ **3.4** 5.5 kW, 200 V, 50 Hz, 4極の三相誘導電動機の簡易等価回路定数は以下の通りである．次の (1)〜(6) の質問に答えよ．
$g_0 = 0.0121\,[\mathrm{S}]$, $b_0 = 0.0858\,[\mathrm{S}]$, $r_1 = 0.240\,[\Omega]$, $r_2' = 0.384\,[\Omega]$,
$x_1 + x_2' = 0.863\,[\Omega]$
 (1) この電動機の同期速度 $N_s\,[\mathrm{min}^{-1}]$ を求めよ．
 (2) 電動機が $1470\,\mathrm{min}^{-1}$ で運転されているとすれば，滑り $s\,[\%]$ はいくらか．
 (3) このとき定格電圧が電動機に印加されている場合，一次負荷電流 $I_1'\,[\mathrm{A}]$ を求めよ．
 (4) このときの出力 $W_{out}\,[\mathrm{W}]$ を求めよ．
 (5) トルク $T\,[\mathrm{N\cdot m}]$ を求めよ．

☐ **3.5** 50 Hz, 8極の三相誘導電動機があり，ある負荷のもとで $730\,\mathrm{min}^{-1}$ の速度で運転されている．このとき $490\,\mathrm{N\cdot m}$ のトルクが発生している場合，機械出力 W_{out} と同期ワット W_2 を求めよ．

☐ **3.6** 50 Hz, 4極の巻線形三相誘導電動機が全負荷回転速度 $1440\,\mathrm{min}^{-1}$ で運転している．トルクの値を変えずに回転速度を $1260\,\mathrm{min}^{-1}$ に変更するには，電動機の二次側にいくらの抵抗を挿入したらよいか．電動機の二次側は Y 結線されており，一相分の抵抗値は $r\,[\Omega]$ である．

【参考文献】

[1] エレクトリックマシーン＆パワーエレクトロニクス編纂委員会 [編著], 「エレクトリックマシーン＆パワーエレクトロニクス [第 2 版]」, 森北出版, 2010 年

[2] 宮入庄太「大学講義最新電気機器学 改訂増補」, 丸善出版, 1979 年

[3] 尾本義一, 山下英男, 山本充義, 多田隈進, 米山信一「電気機器工学 I (改訂版)」, 電気学会, 1987 年

[4] 猪狩武尚「新版 電気機械学」, コロナ社, 2001 年

[5] 西方正司 [監修], 下村昭二, 百目鬼英雄, 星野勉, 森下明平「基本からわかる電気機器講義ノート」, オーム社, 2014 年

[6] 林千博, 仁田工吉 [編]「電気機器 [2]」, オーム社, 1984 年

[7] 深尾正, 新井芳明 [監修]「最新 電気機器入門」, 実教出版, 2007 年

[8] 森安正司「実用電気機器学」, 森北出版, 2000 年

[9] 松瀬貢規, 齋藤涼夫「基本から学ぶパワーエレクトロニクス」, 電気学会, 2012 年

[10] 仁田旦三, 古関隆章「電気機器学基礎」, 数理工学社, 2011 年

第4章

同　期　機

　大容量の同期機は，水力発電所，火力発電所，原子力発電所などで交流電力を発生する発電機として使用されている．最近では制御技術の発展と高性能永久磁石の開発によって，電動機としてもその用途が拡大し，一般産業用だけでなく，家電，自動車，鉄道車両など，様々な機器に使用されている．

　第1章で述べた直流機や第3章で述べた誘導機および本章の同期機は，総称して回転機と呼ばれ，いずれの回転機においても発電機能と電動機能を有している．発電機能を主とするものが発電機，電動機能を主とするものが電動機である．

　本章では，まず同期発電機と同期電動機で共通する構造と原理について述べ，その後に，それぞれの理論と特性について述べる．同期機には非突極機と突極機があるが，特性については主に非突極機について示す．

4.1 同期機の構造と原理

4.1.1 同期機の構造

(1) 基本構造

三相同期機の固定子は誘導機と同様に，固定子鉄心に設けたスロットに三相電機子巻線を納めた構成であるが，回転子の基本構成は直流電磁石である．この電磁石には，円筒形の鉄心にスロットを設けてそのスロットに電磁石の巻線を納めたものと，突極形の鉄心に電磁石巻線を巻いた2種がある．前者を円筒形，後者を突極形という．また，電磁石巻線を**界磁巻線**，通電する直流電流を**界磁電流**という．**図4.1(a)**が円筒形同期機，**同図(b)**が**突極形同期機**の構造を示す概念図である．円筒形は**非突極機**ともいう．**図4.1**に示した界磁極が回転するものを**回転界磁形**といい，電機子が回転するものを**回転電機子形**という．どちらの構造も，回転子側の巻線には巻線形誘導機と同様にブラシとスリップリングを介して電流が供給される．回転電機子形についての説明は省略する．

(2) 実際の同期機

円筒形（非突極機） **図4.2**は実際の**円筒形回転子**の断面図である．極数は2である．円筒形回転子は，主に回転速度の高いタービン発電機などに用いられる．**図4.3**は2極のタービン発電機の構造図であるが，回転速度が高いために，直径が小さく，回転軸方向に長い円筒形回転子が用いられる．**図4.4**は実際のタービン発電機の回転子の写真である．

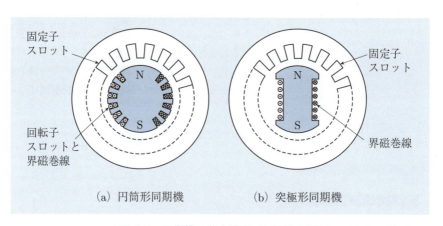

図 4.1　同期機の基本構成（2 極機の例）

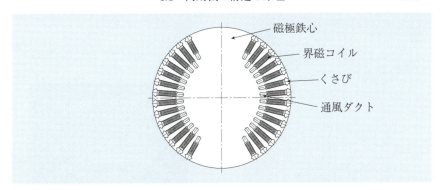

図 4.2 円筒形回転子の断面図（提供：富士電機株式会社）

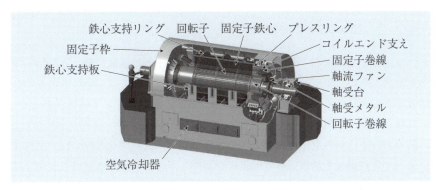

図 4.3 タービン発電機の構造（提供：富士電機株式会社）

図 4.4 実際のタービン発電機の円筒形回転子（提供：富士電機株式会社）

突極形 図 4.5(a) は**突極形回転子**の構造を示す図である．これは水力発電機用の同期発電機で極数は 10 極である．継鉄と呼ばれる円筒形の鉄心に各突極が固定されている．継鉄と磁極を繋ぐ部分の形状が鳩の尾に似ているためダブ

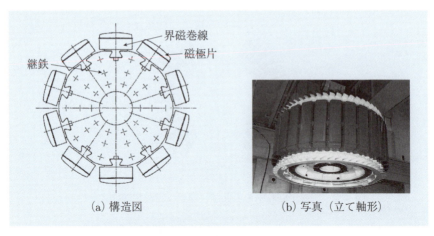

図 4.5　実際の突極形回転子（提供：富士電機株式会社）

テール止めと呼ばれる．図(b)は，図(a)の回転子とは極数が異なる回転子であるが，実際の突極形回転子の写真である．水車発電機では，小容量のものは回転子軸を水平にして設置する横軸形と，垂直に設置する立て軸形があるが，写真は立て軸形である．

図4.6(a)は組み立て中の固定子の写真である．大型の発電機では，手作業によって電磁鋼板を積み上げて固定子を製作し，スロット内に電機子巻線を納めていく．図(b)が電機子巻線である．

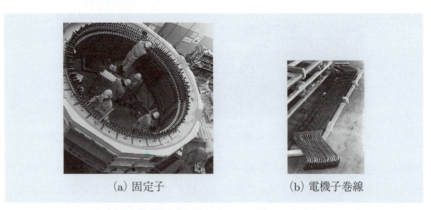

図 4.6　水車発電機の固定子と電機子巻線（提供：富士電機株式会社）

図4.7は水車と水車発電機の全体構造を示す図である．下部が水車，上部が立て軸形の同期発電機である．図には各部の説明があるが，ランナとは水車本体のことで，水車の羽根はランナベーンと呼ばれる．これが水圧で回転し発電機を駆動する．

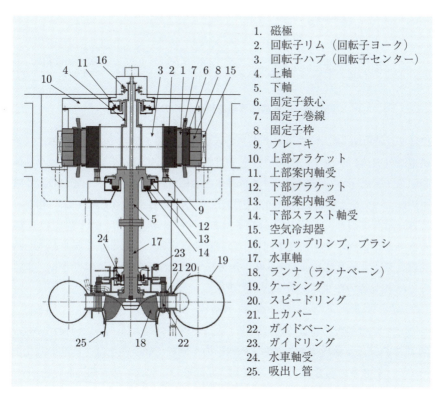

図 4.7　水車と水車発電機の構造（提供：富士電機株式会社）

4.1.2　同期機の原理

(1)　三相電圧の発生

発電機は機械エネルギーを電気エネルギーに変換する装置であるから，回転子軸は，水力発電では水車に，火力発電ではタービンに，自家発電システムではディーゼル機などの原動機に機械的に接続され，外部から回転力が与えられる．図4.8(a)のように，固定子に U, V, W 相巻線が設けられている．図中

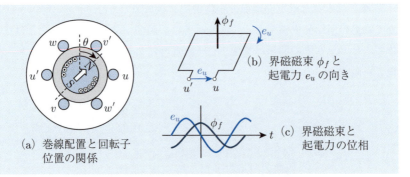

図 4.8 同期機の界磁磁束と一相の誘導起電力

にはそれぞれ u–u', v–v', w–w' として示されている．回転子の界磁巻線には界磁電流（直流）を流す．図中の固定子上の〇が U, V, W 相巻線のコイル導体を示し，⊗と⊙が界磁巻線のコイル導体と界磁電流の向きを示しており，界磁電流によって発生する磁束の向きを矢印で示している．**図 4.8(b)** は U 相巻線のみを示しており，u–u' が巻線端子である．U 相巻線の中心線と界磁の N 極と S 極を結ぶ線のなす角度を回転子の回転角と定義しこれを θ で表すと，U 相巻線と鎖交する界磁磁束は $\cos\theta$ に比例して変化するものと近似できる．よって，U 相巻線の磁束鎖交数を次式で表す．

$$\phi_f = N\Phi\cos p\theta \tag{4.1}$$

ここで，N は巻線の巻数，Φ は変化する鎖交磁束の最大値，p は極対数である．**図 4.8** の例は 2 極機であるから，回転子の 1 回転で鎖交磁束は 1 周期の変化を示すが，第 3 章の**図 3.3** の 4 極機では，回転子の 1 回転で 2 周期の変化を示す．よって，(4.1) 式のように極対数 p を用いて表せば，任意の極数の同期機の磁束鎖交数の変化を一般式で表すことができる．また，回転子の角速度を ω_m，時刻 $t=0$ における回転子初期位置を θ_0 とすると，(4.1) 式は次のように書き直すことができる．

$$\phi_f = N\Phi\cos(p\omega_m t + p\theta_0) \tag{4.2}$$

よって，U 相巻線への誘導起電力は次式で表される．

$$e_u = \frac{d\phi_f}{dt} = -\omega N\Phi\sin(\omega t + p\theta_0) \tag{4.3}$$

ただし，$\omega = p\omega_m$ である．ここで便宜上，$p\theta_0 = \pi$ または $p\theta_0 = -\pi$ とすると，

4.1 同期機の構造と原理 **133**

$$e_u = \sqrt{2}\,E\sin\omega t \tag{4.4}$$

ただし $\sqrt{2}\,E = \omega N\varPhi$ である. $\omega = 2\pi f$ であるから E の大きさは

$$E = \frac{2\pi f N\varPhi}{\sqrt{2}} \fallingdotseq 4.44 f N\varPhi \tag{4.5}$$

電機子巻線の巻線係数が k_w の場合には,さらに k_w を掛けることになる.

図 4.8(b) では磁束の向きと起電力の向きの関係を示しているが,このように磁束と起電力の正方向をとると磁束と起電力の時間変化における位相は図 4.8(c) のようになる. V 相と W 相の巻線は U 相巻線に対して空間角で $\frac{2\pi/3}{p}$ と $\frac{4\pi/3}{p}$ の位置に配置されているので,起電力の位相はそれぞれ $\frac{2}{3}\pi$ と $\frac{4}{3}\pi$ 遅れることになる.したがって,

$$e_v = \sqrt{2}\,E\sin\left(\omega t - \frac{2}{3}\pi\right) \quad (4.6), \quad e_w = \sqrt{2}\,E\sin\left(\omega t - \frac{4}{3}\pi\right) \quad (4.7)$$

となり,誘導起電力は対称三相電圧になる.この起電力は,電機子電流が流れていないとき,つまり無負荷時の起電力であるので,**無負荷誘導起電力**という.巻線には抵抗とインダクタンスがあるが,電流が流れていない場合は,それらの電圧降下は生じないため,巻線の相電圧は無負荷誘導起電力に等しくなる.

以上の説明から,回転子の角速度 ω_m と起電力の角周波数 ω の間には $\omega = p\omega_m$ の関係があり,両者は完全に同期していることがわかる.これが同期機と呼ばれる理由であり,ω_m が**同期角速度**である.

■ 例題 4.1 ■

三相同期機において,極数が 4,回転数が $1500\,\mathrm{min}^{-1}$,一相の巻数 N が 100,一相の鎖交磁束の最大値が $7\,\mathrm{mWb}$ のとき,一相の巻線に誘導される起電力の実効値を計算せよ.ただし,巻線係数は 1 とする.

【解答】 回転数と周波数の関係は

$$n = \frac{60f}{p}\ [\mathrm{min}^{-1}] \quad (p:\text{極対数})$$

より

$$f = n \times \frac{p}{60} = 1500 \times \frac{2}{60} = 50\ [\mathrm{Hz}]$$

$N = 100,\ \varPhi = 7 \times 10^{-3}\ [\mathrm{Wb}]$ であるから

$$E = 4.44 f N\varPhi = 4.44 \times 50 \times 100 \times 7 \times 10^{-3} = 155.4\ [\mathrm{V}]$$

(2) 同期機内部で発生する電力とトルク

一般に，U, V, W 相巻線の結線法は Y 結線が用いられる．図 4.9 は，Y 結線された三相巻線の端子に負荷を接続した発電機の例である．ただし，巻線の抵抗やインダクタンスおよび鉄損，機械損を無視した発電機である．このように負荷を接続し，回転子を原動機で回転させれば，電機子巻線の各相には前述した三相電圧が発生し，負荷には三相電流が流れる．負荷が遅れ負荷の場合は，各相に流れる電流は相電圧より遅れ位相となるので，一相分の回路を用いて相電圧と電流の位相関係を示すと図 4.10 となる．図中の φ が電圧と電流の位相差である．各相電圧と各相電流はそれぞれに $\frac{2}{3}\pi$ ずつ異なるので，相電圧 e_u, e_v, e_w と相電流 i_u, i_v, i_w は次のように表すことができる．

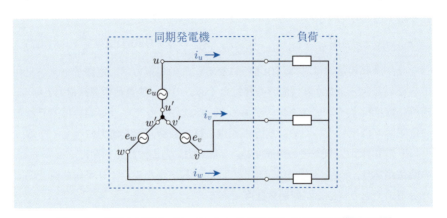

図 4.9 巻線の抵抗とインダクタンスを無視した三相発電機の接続

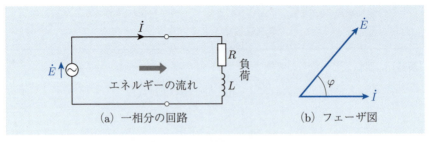

図 4.10 図 4.9 の一相分の回路とフェーザ図

4.1 同期機の構造と原理

$$e_u = \sqrt{2}\,E\sin\omega t, \qquad i_u = \sqrt{2}\,I\sin(\omega t - \varphi)$$
$$e_v = \sqrt{2}\,E\sin\left(\omega t - \frac{2}{3}\pi\right), \quad i_v = \sqrt{2}\,I\sin\left(\omega t - \frac{2}{3}\pi - \varphi\right)$$
$$e_w = \sqrt{2}\,E\sin\left(\omega t - \frac{4}{3}\pi\right), \quad i_w = \sqrt{2}\,I\sin\left(\omega t - \frac{4}{3}\pi - \varphi\right)$$

ここで，E と I はそれぞれ起電力と相電流の実効値である．よって，内部で発生する三相分の瞬時電力 P_G は次のように得られる．

$$P_G = e_u i_u + e_v i_v + e_w i_w = 3EI\cos\varphi \tag{4.8}$$

この電力が正の場合，エネルギーの流れは図 4.10(a) に矢印で示した方向となる．つまり，発電機から負荷に電気エネルギーが供給される．したがって，回転機を駆動する原動機は，この電力に相当する機械エネルギーを，接続されたシャフトを介してトルクとして発電機に与えなければならない．回転子が角速度 ω_m の一定速度で回転している場合，そのトルクは $T = \frac{P_G}{\omega_m}$ であるから，発電機内部では反作用トルクとして同じく $T = \frac{P_G}{\omega_m}$ のトルクが発生している．

実際の発電機では，銅損，鉄損，機械損などの電力損失があるため上式からそれらを差し引いたものが発電機の出力になる．

電動機では U, V, W 相巻線は三相電源に接続され，図 4.11 に示したように電源から電流が流入する．つまり，電動機における電流の向きは，発電機とは 180° 異なる．したがって，相電圧と電流の位相関係を表すフェーザ図は図 4.12(a)

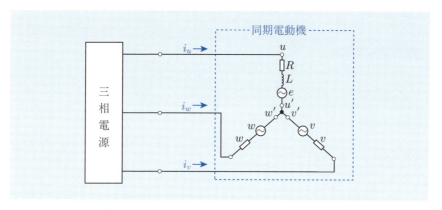

図 4.11　巻線の抵抗とインダクタンスを無視した三相電動機の接続

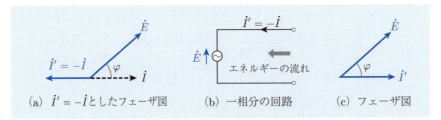

図 4.12　図 4.11 のフェーザ図と一相分の回路

のように描くことができる．この場合の電力は，

$$P_G = 3EI' \cos(\varphi + \pi) = -3EI' \cos\varphi \tag{4.9}$$

であり負となるが，図 4.12(b) のように電力の流れの正方向を反転すると，電動機としての電力 P_M は

$$P_M = 3EI' \cos\varphi \tag{4.10}$$

となる．よって，フェーザ図も図 4.12(c) のように書き直すことができる．電動機の回転軸には，電動機から与えられるトルクによって回転する機械負荷が接続されるが，このトルクと電力の関係は $T = \frac{P_M}{\omega_m}$ で表される．ただし，実際の電動機では，発電機の場合と同様に各損失を差し引いたものが出力になる．

　同期機における［機械 → 電気エネルギー変換（発電機動作）］と［電気 → 機械エネルギー変換（電動機動作）］はエネルギーの流れが異なるだけであり，どちらの場合も無負荷誘導起電力によって発生する電力が担っていることがわかる．よって発電機と電動機の基本構造が同じである理由が理解できるであろう．

■ 例題 4.2 ■
電圧が $\sqrt{2}\,V \sin\omega t$，電流が $\sqrt{2}\,I \sin(\omega t - \varphi)$ の単相交流の瞬時電力と平均電力を求めよ．

【解答】　瞬時電力 P

$$P = \sqrt{2}\,V \sin\omega t \times \sqrt{2}\,I \sin(\omega t - \varphi) = VI\{\cos\varphi - \cos(2\omega t - \varphi)\} \text{ [W]}$$

よって平均電力 P_{av} は

$$P_{av} = VI \cos\varphi \text{ [W]}$$

単相交流の電力は電圧，電流の周波数の 2 倍で変動し，平均は電圧と電流の実効値の積であることがわかる．また，$\cos\varphi$ が力率である．

4.2 同期機の理論

4.2.1 電機子反作用

図 4.13 は，発電機に負荷を接続して運転したときの界磁磁束 ϕ_f，U 相の電機子電流 i_u，U 相の電機子磁束 ϕ_u の向きを表したものである．また図 4.14 は，無負荷誘導起電力 e_u に対して電機子電流 i_u が $\frac{\pi}{2}$ 遅れている場合の各波形である．図 4.14 の波形の位相関係をもとに，2 つの磁束と無負荷誘導起電力および電機子電流の関係をフェーザ図で表したものが図 4.15 である．同図(a) からわかるように ϕ_u と ϕ_f の向きは逆向きであるから，巻線の鎖交磁束は無負荷時（$i_u = 0$）に比べ減少する．したがって，巻線の端子電圧 v_u は，無負荷時に比べ減少する．これを**減磁作用**という．同図(b)は，電機子電流が $\frac{\pi}{2}$ 進んだときのフェーザ図である．磁束は加算される関係にあるので，負荷時の端子電

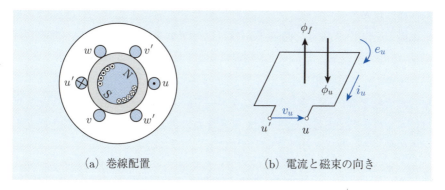

(a) 巻線配置　　(b) 電流と磁束の向き

図 4.13　界磁磁束と電機子磁束

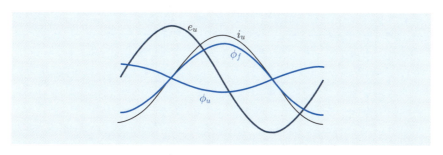

図 4.14　起電力，電機子電流，磁束の波形

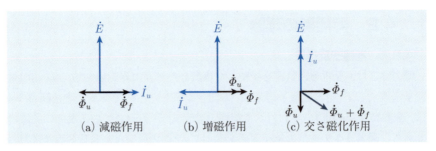

(a) 減磁作用　(b) 増磁作用　(c) 交さ磁化作用

図 4.15　界磁磁束の作用

圧は無負荷時より増加する．これを**増磁作用**という．**同図(c)**は，無負荷誘導起電力と電機子電流の位相が一致しているときのフェーザ図である．この場合，界磁磁束と電機子磁束は直交するためこれを**交さ磁化作用**という．また，このような作用を総称して**電機子反作用**という．この現象は V 相と W 相の巻線にも同様に起きる．

電機子反作用について，図 4.16 に示したコイルを用いて考察する．**同図(a)**では ϕ_f は外部磁束，ϕ_i はコイル電流によって発生するコイル鎖交磁束である．コイル端子には抵抗が接続されている．ϕ_f と ϕ_i のどちらも時間的に変化する場合，それぞれ $e_f = \frac{d(N\phi_f)}{dt}$ と $e_i = \frac{d(N\phi_i)}{dt}$ の起電力を発生する．ここで N はコイルの巻数である．起電力は，磁束または電流の変化を妨げる向きに発生するので，2 つの起電力の向きは図中に示した向きである．よって，コイル端子から見た起電力 e（図(a) の場合，e は負荷電圧 v に等しい）は次の式で表される．

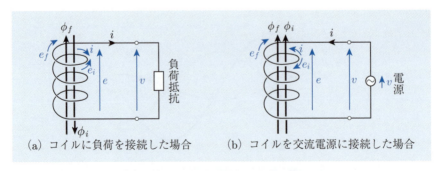

(a) コイルに負荷を接続した場合　(b) コイルを交流電源に接続した場合

図 4.16　コイルに誘導される起電力

$$v = e = e_f + e_i = N\frac{d\phi_f}{dt} - L\frac{di}{dt} \tag{4.11}$$

ただし，$N\phi_i = Li$ とし L はコイルの自己インダクタンスである．

図 4.16(b) は，コイルに交流電源を接続した場合である．この場合，電流の正方向は電源からコイルに流れ込む向きを正とする．よって，電流による磁束 ϕ_i の向きは同図(a)とは逆になり，起電力 e_i の向きも逆になるため，電源電圧 v および e, e_f, e_i の関係は次のように表される．

$$v = e = e_f + e_i = N\frac{d\phi_f}{dt} + L\frac{di}{dt} \tag{4.12}$$

したがって，図 4.16(a) と(b) を電気回路で表せばそれぞれ図 4.17(a) と(b) になる．図 4.16(a) と(b) のどちらの場合も，コイルに抵抗または電源を接続すると電流が流れ，コイルの鎖交磁束が変化して，コイルに発生する起電力に影響を及ぼすことがわかる．これと同様の作用が同期機内でも発生しており，それを**電機子反作用**と呼んでいる．図 4.17 の電気回路からわかるように，電機子反作用はコイルの自己インダクタンス L で表現される．

図 4.15 による説明は発電機の場合の電機子反作用であるが，図 4.16 と図 4.17 のコイルの起電力の説明は，両図の(a)が発電機，(b)が電動機に対応する説明である．つまり，電機子反作用は発電機と電動機のどちらにも生じる現象であり，どちらの場合も電気回路ではコイル（電機子巻線）のインダクタンスとして表現される．

発電機の例として示した図 4.16(a) は減磁，電動機の例として示した同図(b) は増磁作用として説明したが，起電力 e_f と電流 i の位相関係次第で，発電機と電動機のどちらにおいても減磁作用または増磁作用が発生する．

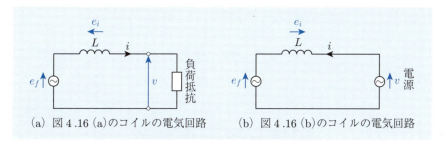

(a) 図 4.16 (a) のコイルの電気回路   (b) 図 4.16 (b) のコイルの電気回路

図 4.17　コイルとその電気回路

4.2.2 非突極機の理論

図 4.1 で示したように，同期機には非突極機（円筒形）と突極機がある．まず，非突極機についてその理論を説明する．

(1) 電圧方程式

発電機　電機子反作用の説明において，その現象は電気回路では電機子巻線の自己インダクタンスで表現できることがわかった．そこで電機子巻線一相分の自己インダクタンスを L とおく．したがって，U 相巻線の磁束鎖交数は $\phi_u = L i_u$ として表される．また，巻線には誘導機と同様に漏れ磁束が存在し，これを漏れインダクタンス l で考慮する．さらに，巻線抵抗 r を考慮して各巻線を Y 結線すれば，図 4.18 に示す三相の等価回路となる．ただし，各巻線は $\frac{2\pi}{3}$ ずつずれた位置に配置されているので，各相間には相互インダクタンス M が存在する．非突極機においては $M = -\frac{L}{2}$ となるので，発電機における U 相巻線の電圧方程式は次式のように表すことができる．

$$e_u = r i_u + (l + L)\frac{di_u}{dt} - \frac{L}{2}\frac{di_v}{dt} - \frac{L}{2}\frac{di_w}{dt} + v_u \tag{4.13}$$

三相巻線では各相電流の和はゼロとなる．つまり $i_u + i_v + i_w = 0$．この関係を用いると，(4.13) 式は次のように書き換えることができる．

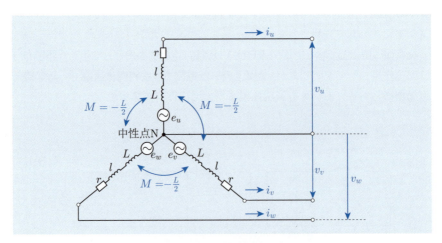

図 4.18　三相同期発電機の等価回路

4.2 同期機の理論

$$e_u = ri_u + \left(l + \frac{3}{2}L\right)\frac{di_u}{dt} + v_u \tag{4.14}$$

これをフェーザ表記すると

$$\dot{E} = (r + jx_s)\dot{I} + \dot{V} = \dot{Z}\dot{I} + \dot{V} \tag{4.15}$$

ここで，E, I, V はそれぞれ e_u, i_u, v_u の実効値である．また，

$$x_s = x_l + x_a \tag{4.16}$$

$$x_l = \omega l \tag{4.17}$$

$$x_a = \frac{3}{2}\omega L \tag{4.18}$$

$$\dot{Z} = r + jx_s \tag{4.19}$$

である．x_l は**漏れリアクタンス**，x_a は**電機子反作用リアクタンス**，x_s は**同期リアクタンス**，$\dot{Z}$ は**同期インピーダンス**と呼ばれる．したがって，一相分の等価回路とフェーザ図は，図 4.19 のようになる．フェーザ図は，遅れ力率の場合であり φ は力率角である．また，無負荷誘導起電力 $\dot{E}$ と相電圧 $\dot{V}$ の位相 δ は，**内部相差角**または**負荷角**と呼ばれる．

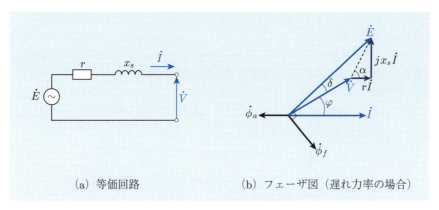

(a) 等価回路　　　　(b) フェーザ図（遅れ力率の場合）

図 4.19 同期発電機の一相分の等価回路とフェーザ図

例題 4.3

非突極機において，一相の自己インダクタンスが L のとき，相間の相互インダクタンス M が $M = -\frac{L}{2}$ になることを示せ．

【解答】 u 相と v 相巻線の導体位置を展開図で示すと右図となる．また，u 相電流によって発生する磁束密度の基本波成分を $B_a \cos\theta_1$ とする．u 相巻線の鎖交磁束は，極ピッチを τ，有効鉄心長を l_a とすると

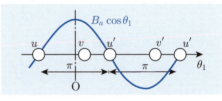

$$\phi_{uu} = l_a \frac{\tau}{\pi} \int_{-\frac{\pi}{2}}^{\frac{\pi}{2}} B_a \cos\theta_1 \, d\theta_1 = \frac{2l_a\tau}{\pi} B_a$$

ϕ_{uu} と自己インダクタンス L との関係は，u 相電流を i_u とすると

$$N\phi_{uu} = Li_u = \frac{2l_a\tau N}{\pi} B_a$$

次に v 相巻線の磁束 ϕ_{vu} は

$$\phi_{vu} = l_a \frac{\tau}{\pi} \int_{\frac{\pi}{6}}^{\pi+\frac{\pi}{6}} B_a \cos\theta_1 \, d\theta_1 = -\frac{l_a\tau}{\pi} B_a$$

ϕ_{vu} と相互インダクタンスと M との関係は

$$N\phi_{vu} = Mi_u = -\frac{l_a\tau N}{\pi} B_a$$

よって $M = -\frac{L}{2}$ ∎

■ 例題 4.4 ■
　非突極形同期発電機について，進み力率負荷を接続して運転した場合の一相分のフェーザ図を描け．また，負荷角を δ，力率角を φ として，それらを描いたフェーザ図の中に示せ．

【解答】 $\dot{V}$ は相電圧である．$\dot{V}$ に電機子巻線抵抗 r の電圧降下 $r\dot{I}$ と同期リアクタンスの電圧降下 $jx\dot{I}$ を加えれば誘導起電力になる．$r\dot{I}$ は $\dot{I}$ と同位相，$jx_s\dot{I}$ は $\dot{I}$ より位相が $\frac{\pi}{2}$ 進んでいる点に注意してフェーザ図を描けば下図のようになる．

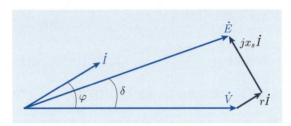

4.2 同期機の理論

電動機 電動機の構造は基本的に発電機と同じである．よって，相間の相互インダクタンスおよび電機子反作用も発電機と同様であり，等価回路の構成も同じである．ただし，4.1.2 項で説明したように，エネルギーの流れが逆になるため電流の向きが逆になる．つまり，電動機の等価回路は，発電機とは電流の向きが異なるだけであり図 4.20(a) のように表すことができる．したがって，フェーザ図（遅れ力率）は同図(b) となる．電流の向きが逆になるため，図 4.21 に示したように電機子電流による磁束の向きも図 4.13 で示した向きと逆になり，フェーザ図で表した電機子磁束の位相は，電機子電流と同位相になる．よって，電圧方程式は次のように表される．

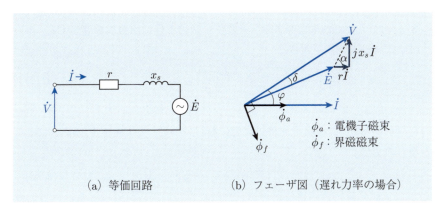

(a) 等価回路　　(b) フェーザ図（遅れ力率の場合）

図 4.20　同期電動機の一相分の等価回路とフェーザ図

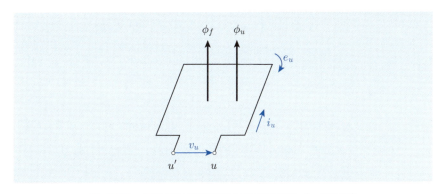

図 4.21　電動機の界磁磁束と電機子磁束（u 相巻線）

144　　　　　第 4 章　同　期　機

$$\dot{V} = \dot{Z}\dot{I} + \dot{E} \tag{4.20}$$

ここで $\dot{V}, \dot{Z}, \dot{I}, \dot{E}$ は，発電機の場合と同様にそれぞれ相電圧，同期インピーダンス，電機子電流，無負荷誘導起電力である．

(2)　出力

　同期機では一般に鉄損は小さく，機械損は個々の同期機の機械設計に左右されるため，ここで示す出力の理論では銅損だけを考慮する．

発電機　出力は，(4.8) 式の φ を $\delta + \varphi$ に替えて，巻線の銅損を引いたものになる．つまり，**図 4.19(b)** のフェーザ図から次式で表されることがわかる．

$$P = 3EI\cos(\delta + \varphi) - 3rI^2 = 3VI\cos\varphi \tag{4.21}$$

つまり，$3\dot{V}\dot{I}$ の有効電力である．そこで，次のように出力式を導出する．

　(4.15) 式から電機子電流は

$$\dot{I} = \frac{\dot{E} - \dot{V}}{\dot{Z}} \tag{4.22}$$

ここで，実軸を $\dot{V}$ の向きにとり，$\dot{E} = Ee^{j\delta}$，$\dot{V} = V$ とおいて $\dot{I}$ を表すと，$3\dot{V}\dot{I}$ の実部が有効電力であり発電機の出力になる．つまり，実軸を $\dot{V}$ の向きにとった場合の $\dot{I}$ は

$$\dot{I} = \frac{1}{\dot{Z}}\big\{ E(\cos\delta + j\sin\delta) - V \big\} \tag{4.23}$$

ここで，$\dot{Z} = r + jx_s$ より

$$\dot{I} = \frac{1}{Z^2}\big\{ rE\cos\delta - rV + x_s E\sin\delta + j(rE\sin\delta - x_s E\cos\delta + x_s V) \big\} \tag{4.24}$$

となる．この実部に $3V$ を掛ければ次のように出力が得られる．

$$P = \frac{3EV}{Z}\left\{ \cos(\alpha - \delta) - \frac{V}{E}\cos\alpha \right\} \tag{4.25}$$

だたし，

$$\frac{r}{Z} = \cos\alpha \quad (4.26), \qquad \frac{x_s}{Z} = \sin\alpha \tag{4.27}$$

ここで $r = 0$ とすれば，銅損を無視した出力式が次のように得られる．

$$P = \frac{3EV}{x_s}\sin\delta \tag{4.28}$$

例題 4.5

非突極形同期発電機において，電機子巻線抵抗 r を $r = 0$ としたときのフェーザ図から出力が (4.28) 式で表されることを説明せよ．

【解答】 $r = 0$ とした場合のフェーザ図は下図のようになる．

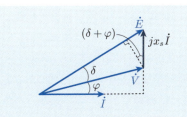

$r = 0$ であるから銅損はなく，その他の損失（機械損や鉄損）もないとすると入力 $P_i = 3EI\cos(\delta + \varphi)$ と出力 P は等しいから

$$P = P_i = 3EI\cos(\delta + \varphi)$$

フェーザ図から

$$V\sin\delta = x_s I \cos(\delta + \varphi)$$

2つの式から出力は

$$P = 3EI \times \frac{V\sin\delta}{x_s I} = 3\frac{VE}{x_s}\sin\delta$$

発電機は，原動機から与えられた機械エネルギーを電気エネルギーに変換する機械であるから，機械エネルギーから転換される電力を求めてみる．この場合は $\dot{E} = E$, $\dot{V} = Ve^{-j\delta}$ とおいて $\dot{I}$ を求め $3\dot{E}\dot{I}$ の実数部を求めれば

$$\begin{aligned}\dot{I} &= \frac{1}{\dot{Z}}\{E - V(\cos\delta - j\sin\delta)\} \\ &= \frac{1}{Z^2}\{rE - rV\cos\delta + x_s V\sin\delta + j(rV\sin\delta + x_s V\cos\delta - x_s E)\}\end{aligned}$$
(4.29)

上式の実数部に $3E$ をかければ次のように**転換電力** P_1 が得られる．

$$P_1 = \frac{3EV}{Z}\left\{\frac{E}{V}\cos\alpha - \cos(\alpha + \delta)\right\} \tag{4.30}$$

(4.30) 式と (4.25) 式の差は損失であり，(4.25) 式の出力を得るためには (4.30) 式の電力に相当する機械エネルギーを原動機から発電機に与える必要がある．し

146　　　　　　　　第4章 同期機

たがって，原動機から発電機に伝達されるトルクは，回転角速度を ω_m とすると，$T = \frac{P_1}{\omega_m}$ となる．原動機および発電機の回転数が一定の場合，両者のトルクは平衡状態にあるので，発電機の内部でも $T = \frac{P_1}{\omega_m}$ なるトルクが発生している．

ここでは損失として銅損のみを考慮しているが，銅損も無視すると，転換電力と出力は等しくなり (4.28) 式で表される．

電動機　電動機の出力も，銅損以外の損失を無視すれば，入力から銅損を引いたものになる．つまり，次式で表すことができる．

$$P = 3VI\cos\varphi - 3rI^2 = 3EI\cos(\varphi - \delta) \tag{4.31}$$

上式の最右辺は無負荷誘導起電力 E を用いた出力式であるが，この関係は**図 4.20(b)** のフェーザ図から容易に理解できる．この式からわかるように，電動機の出力も，発電機の出力式と同様の計算手順で求めることができる．つまり，実軸を $\dot{E}$ の向きにとり，$\dot{V} = Ve^{i\delta}$，$\dot{E} = E$ とおいて

$$\dot{I} = \frac{Ve^{j\delta} - E}{\dot{Z}} \tag{4.32}$$

から $\dot{I}$ を求め，$3\dot{E}\dot{I}$ を計算すればその実数部が出力になる．非突極形発電機に関する (4.22) 式と (4.32) 式を比較すると，V と E が入れ替わっているだけであるから，非突極形発電機の出力を表す (4.25) 式中の V と E を入れ替えれば，非突極形電動機の出力式が得られ次式となる．

$$P = \frac{3EV}{Z}\left\{\cos(\alpha - \delta) - \frac{E}{V}\cos\alpha\right\} \text{ [W]} \tag{4.33}$$

電機子巻線抵抗を無視すれば，出力式は非突極形発電機の (4.28) 式と同じになり，次式が得られる．

$$P = \frac{3EV}{x_s}\sin\delta \text{ [W]} \tag{4.34}$$

トルク T と出力 P の関係は，回転子の角速度を ω_m とすると

$$T = \frac{P}{\omega_m} \text{ [N·m]} \tag{4.35}$$

であるから，出力の式からトルクが得られる．

4.2.3 突極機の理論

(1) ブロンデルの二反作用理論

図 4.22 は，図 4.8(a) のような 6 つの固定子スロットに 3 つの巻線（u–u', v–v', w–w'）を納めた 2 極の発電機に三相平衡負荷を接続して，電機子巻線に対称三相電流が流れた場合のエアギャップにおける起磁力分布である（実線）．図中の破線で示した f_u, f_v, f_w はそれぞれ u, v, w 相の起磁力分布の基本波，f は f_u, f_v, f_w の合成波形である．図 4.23 は，この合成起磁力（以下，**電機子起磁力**）を角度座標上にベクトル $\boldsymbol{F}_a$ で示したものである．この図から，電機子起磁力は次のように表すことができる．

$$f = F_a \cos(\theta_1 - (\omega t + \beta)) \quad (4.36), \qquad F_a = \frac{3}{2} \frac{2\sqrt{2}\,NI}{\pi} \quad (4.37)$$

ただし，ω は角周波数，N は一相の巻数，I は電機子電流の実効値である．上式が電機子電流が作る回転磁界を表す式である．

次に (4.36) 式の起磁力を次のように書き直す．

$$f = F_d \cos(\theta_1 - \omega t) + F_q \sin(\theta_1 - \omega t) \quad (4.38)$$

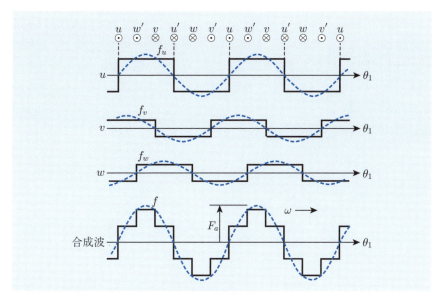

図 4.22　電機子電流による起磁力

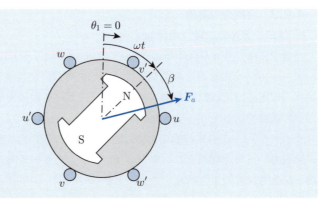

図 4.23　回転子と電機子起磁力の関係

ただし，

$$F_d = F_a \cos\beta \quad (4.39), \qquad F_q = F_a \sin\beta \quad (4.40)$$

ここで，F_d を**直軸（d 軸）電機子起磁力**，F_q を**横軸（q 軸）電機子起磁力**という．(4.38) 式の回転磁界は回転子と同期して回転しているので，同式の右辺第 1 項の起磁力の向きは回転子 N 極の中心軸と一致し，第 2 項の起磁力は回転子磁極間の中心軸と一致する．したがって，直軸と横軸の起磁力分布と，それぞれの起磁力によって生じる磁束密度分布 B_d と B_q は図 4.24 のような分布となる．図中の B_{d1} と B_{q1} は，直軸磁束密度分布と横軸磁束密度分布の基本波成分である．また，

$$P_d = \frac{B_{d1}}{F_d} \quad (4.41), \qquad P_q = \frac{B_{q1}}{F_q} \quad (4.42)$$

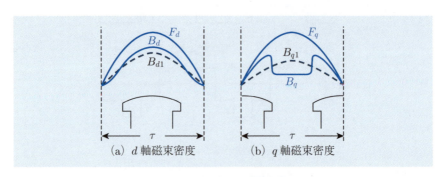

図 4.24　d 軸と q 軸磁束密度

4.2 同期機の理論

の関係にある P_d と P_q をそれぞれ**直軸パーミアンスおよび横軸パーミアンス**という. 直軸パーミアンスと横軸パーミアンスの大きさは，エアギャップ長や回転子磁極の形状で決まる. 以上より，電機子電流によって生じるエアギャップ磁束密度分布は次式で表すことができる.

$$b_a = B_{d1}\cos(\theta_1 - \omega t) + B_{q1}\sin(\theta_1 - \omega t) \tag{4.43}$$

以上の関係を用いれば，U 相巻線の磁束鎖交数を (4.44) 式のように求めることができ，その磁束による誘導起電力は (4.45) 式のように求まる.

$$\phi_u = \frac{\tau N}{\pi} \int_{-\frac{\pi}{2}}^{\frac{\pi}{2}} \left\{ B_{d1}\cos(\theta_1 - \omega t) + B_{q1}\sin(\theta_1 - \omega t) \right\} d\theta_1$$

$$= \sqrt{2}\,L_{ad}I_d\cos\omega t - \sqrt{2}\,L_{aq}I_q\sin\omega t \tag{4.44}$$

$$\frac{d\phi_u}{dt} = -\sqrt{2}\,X_{ad}I_d\sin\omega t - \sqrt{2}\,X_{aq}I_q\cos\omega t \tag{4.45}$$

ここで，τ は極間の弧長，N は一相の巻数である. また，(4.44) 式と (4.45) 式中の各変数の定義と名称は次の通りである.

直軸電流 $\quad I_d = I\cos\beta$ $\tag{4.46}$

横軸電流 $\quad I_q = I\sin\beta$ $\tag{4.47}$

直軸電機子反作用インダクタンス $\quad L_{ad} = \dfrac{6\tau}{\pi^2}N^2 P_d$ $\tag{4.48}$

横軸電機子反作用インダクタンス $\quad L_{aq} = \dfrac{6\tau}{\pi^2}N^2 P_q$ $\tag{4.49}$

直軸電機子反作用リアクタンス $\quad X_{ad} = \omega L_{ad}$ $\tag{4.50}$

横軸電機子反作用リアクタンス $\quad X_{aq} = \omega L_{aq}$ $\tag{4.51}$

また，X_{ad} と X_{aq} に電機子巻線の漏れリアクタンス X_l を加えたものを次のように呼ぶ.

直軸同期リアクタンス $\quad X_d = X_l + X_{ad}$ $\tag{4.52}$

横軸同期リアクタンス $\quad X_q = X_l + X_{aq}$ $\tag{4.53}$

このように，電機子反作用を直軸分と横軸分に分けて扱う理論を，考案者の名前をとって**ブロンデルの二反作用理論**または単に**二反作用理論**という.

例題 4.6

三相交流電流を
$$i_u = \sqrt{2}\,I\cos(\omega t + \beta), \quad i_v = \sqrt{2}\,I\cos\left(\omega t + \beta - \frac{2}{3}\pi\right),$$
$$i_w = \sqrt{2}\,I\cos\left(\omega t + \beta - \frac{4}{3}\pi\right)$$
とするとき，この電流によって作られる回転磁界（起磁力）を求めよ．ただし，巻線係数は 1 とする．

【解答】 一相の巻数を N とすると，u 相電流による起磁力の大きさは Ni_u であるが，下図(a)のように発生する磁束はエアギャップを 2 度通るため，エアギャップにおける起磁力はその $\frac{1}{2}$ になる．よってその分布は下図(b)のような高さが $\frac{Ni_u}{2}$ の方形波になる．

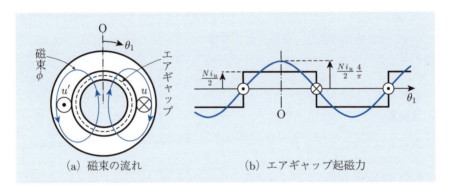

(a) 磁束の流れ　　(b) エアギャップ起磁力

また，その基本波成分の大きさは $\frac{Ni_u}{2}\frac{4}{\pi}$ であるから，u 相起磁力の基本波成分は
$$f_u = \frac{2\sqrt{2}}{\pi}NI\cos(\omega t + \beta)\cos\theta_1$$
同様に，v, w 相については，
$$f_v = \frac{2\sqrt{2}}{\pi}NI\cos\left(\omega t + \beta - \frac{2}{3}\pi\right)\cos\left(\theta_1 - \frac{2}{3}\pi\right)$$
$$f_w = \frac{2\sqrt{2}}{\pi}NI\cos\left(\omega t + \beta - \frac{4}{3}\pi\right)\cos\left(\theta_1 - \frac{4}{3}\pi\right)$$
よって合成起磁力 $f = f_u + f_v + f_w$ は
$$f = F_a\cos(\theta_1 - (\omega t + \beta))$$
$$f_a = \frac{3}{2}\frac{2\sqrt{2}}{\pi}NI$$

4.2 同期機の理論 **151**

■ 例題 4.7 ■

直軸電機子反作用インダクタンス L_{ad} と横軸電機子反作用インダクタンス L_{aq} が (4.48) 式と (4.49) 式で表されることを示せ.

【解答】 直軸磁束密度分布の基本波成分 B_{d1} は (4.36) 式, (4.37) 式, (4.41) 式より

$$B_{d1} = F_d P_d = F_a P_d \cos\alpha = \frac{3\sqrt{2}\,NI}{\pi} P_d \cos\beta$$

これを (4.44) 式に代入して積分を行えば, 直軸磁束密度の基本波成分による磁束は

$$L_{ad} I_d = \frac{2\tau N}{\pi} \frac{3\sqrt{2}\,N}{\pi} P_a I_d = \frac{6\tau N^2}{\pi^2} P_d I_d$$

ただし, $I_d = I \cos\alpha$, よって

$$L_{ad} = \frac{6\tau N^2}{\pi^2} P_d$$

同様に

$$L_{aq} = \frac{6\tau N^2}{\pi^2} P_q$$ ■

(2) 電圧方程式

発電機 電機子反作用については上述したので, 巻線抵抗 r による電圧降下と界磁磁束による無負荷誘導起電力 e および負荷電圧 v を考察して電圧方程式を得ることができる.

まず, 巻線の電圧降下は, u 相電流を $i_u = \sqrt{2}\,I \cos(\omega t + \beta)$ とすると

$$\sqrt{2}\,rI \cos(\omega t + \beta) = \sqrt{2}\,rI_d \cos\omega t - \sqrt{2}\,rI_q \sin\omega t \tag{4.54}$$

である. 次に, 界磁磁束による無負荷誘導起電力 e を求める.

$$e = \frac{d}{dt}\left(\frac{\tau N l_a}{\pi} \int_{-\frac{\pi}{2}}^{\frac{\pi}{2}} B_1 \cos(\theta_1 - \omega t)\,d\theta_1 \right) = -\sqrt{2}\,E \sin\omega t \tag{4.55}$$

ここで, $E = \frac{\sqrt{2}\,\tau\omega B_1 N l_a}{\pi}$, B_1 は界磁磁束によるエアギャップ磁束密度分布の基本波成分, l_a は有効鉄心長である. また, 負荷の電圧は, 非突極機について説明したように, 発電機の場合は e より遅れるため, その遅れ角を δ とすると, 電圧方程式は次のように書くことができる.

$$E \sin\omega t = -rI_d \cos\omega t + rI_q \sin\omega t + X_d I_d \sin\omega t$$
$$+ X_q I_q \cos\omega t - V_d \cos\omega t + V_q \sin\omega t \tag{4.56}$$

ただし，$V_d = V\sin\delta$, $V_q = V\cos\delta$ であり，それぞれ**直軸電圧**，**横軸電圧**である．(4.56)式について，同位相の項をまとめると次の2つの方程式が得られる．

$$\left. \begin{array}{l} 0 = -rI_d + X_q I_q - V_d \\ E = rI_q + X_d I_d + V_q \end{array} \right\} \quad (4.57)$$

(4.57)式の第1式が直軸電圧方程式，第2式が横軸電圧方程式である．突極機では，無負荷誘導起電力と位相が一致する軸を横軸，横軸から90°進んだ軸を直軸にとる．よって，電機子電流 I と I_d, I_q の関係は $\dot{I} = I_q - jI_d$，相電圧 V と V_d, V_q の関係は $\dot{V} = V_q - jV_d$ となる．一方，電機子電流が無負荷誘導起電力より進む場合は $\dot{I} = I_q + jI_d$ となるので，一般的に表現するために $\dot{I} = \dot{I}_q + \dot{I}_d$，$\dot{V} = \dot{V}_q + \dot{V}_d$ とおくと，次のように書き換えることができる．

$$\left. \begin{array}{l} 0 = r\dot{I}_d + jX_q\dot{I}_q + \dot{V}_d \\ \dot{E} = r\dot{I}_q + jX_d\dot{I}_d + \dot{V}_q \end{array} \right\} \quad (4.58)$$

図 4.25 は上式をもとに描いた等価回路である．(a)が直軸等価回路，(b)が横軸等価回路である．遅れ力率負荷を接続した場合のフェーザ図を描くと**図 4.26**のようになる．また，電圧方程式は次のような1つの方程式で表すこともできる．

$$\dot{E} = r\dot{I} + j(X_d - X_q)\dot{I}_d + jX_q\dot{I} + \dot{V} \quad (4.59)$$

この電圧方程式に対する等価回路を描くと**図 4.27**のようになる．$\dot{I} = I_q - jI_d$ および $\dot{V} = V_q - jV_d$ としてフェーザ図を描けば，**図 4.28(a)** のような遅れ力率の場合のフェーザ図になり，$\dot{I} = I_q + jI_d$ および $\dot{V} = V_q - jV_d$ とすれば，**同図(b)** のような進み力率のフェーザ図が得られる．

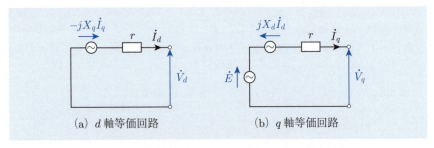

図 4.25　突極形同期発電機の d 軸等価回路と q 軸等価回路

4.2 同期機の理論　　**153**

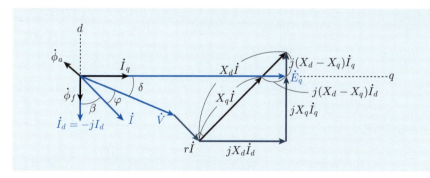

図 4.26 同期発電機の d–q 軸等価回路によるフェーザ図（遅れ力率）

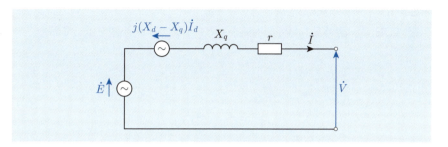

図 4.27 突極形発電機の等価回路

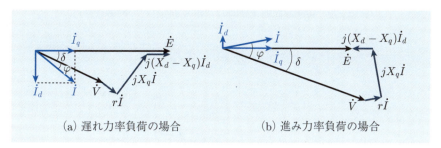

(a) 遅れ力率負荷の場合　　(b) 進み力率負荷の場合

図 4.28 突極形同期発電機のフェーザ図

電動機　4.2.3 項で述べたように，電動機は発電機における電流の向きを反転すればよい．したがって，(4.58) 式に対応する電動機の直軸電圧方程式と横軸電圧方程式は

$$\left.\begin{array}{l}\dot{V}_d = r\dot{I}_d + jX_q\dot{I}_q \\ \dot{V}_q = r\dot{I}_q + jX_d\dot{I}_d + \dot{E}\end{array}\right\} \quad (4.60)$$

であり，等価回路は図 4.29 となる．また，(4.60) 式をもとにした遅れ力率負荷のフェーザ図は図 4.30 のように描くことができる．次に，(4.59) 式に対応する電圧方程式は次のように与えられ，等価回路は図 4.31 となる．

$$\dot{V} = r\dot{I} + jX_q\dot{I} + j(X_d - X_q)\dot{I}_d + \dot{E} \quad (4.61)$$

図 4.29 と図 4.31 の等価回路は，発電機の等価回路と電流の向きが逆向きであるだけで，その他は発電機と同じである．

図 4.32 に，図 4.31 の等価回路をもとにしたフェーザ図を示しておく．

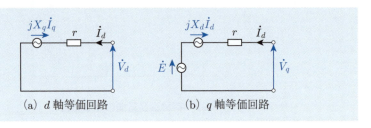

図 4.29　突極形同期電動機の d 軸等価回路と q 軸等価回路

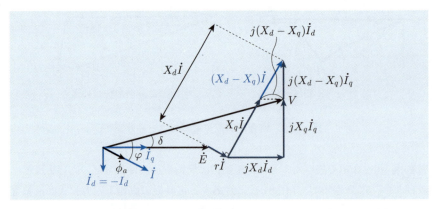

図 4.30　同期電動機の d–q 軸等価回路によるフェーザ図（遅れ力率）

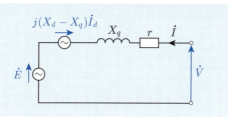

図 4.31 突極形電動機の等価回路

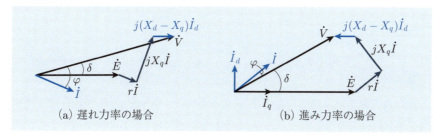

(a) 遅れ力率の場合　　　(b) 進み力率の場合

図 4.32 突極形同期電動機のフェーザ図

(3) 出力

発電機　突極機においても $3\dot{V}\dot{I}$ の有効電力から**発電機**の出力を求めることができる．突極機は前述したように直軸と横軸の2つの電圧方程式で表すことができ，発電機では $\dot{V} = V_q - jV_d$ である．ここでは負荷が遅れ力率であるとすると $\dot{I} = I_q - jI_d$ であるから有効電力は次のように得られる．

$$P_2 = 3\,\mathrm{Re}[\dot{V}\dot{I}^*] = 3(V_q I_q + V_d I_d) \tag{4.62}$$

ここで，$\dot{I}^*$ は $\dot{I}$ の共役複素数，つまり $\dot{I}^* = I_q + jI_d$ である．進み力率負荷の場合の直軸と横軸の電圧方程式は

$$\left.\begin{array}{l} 0 = rI_d + X_q I_q - V_d \\ E = rI_q + X_d I_d + V_q \end{array}\right\} \tag{4.63}$$

であるが，巻線抵抗 r を考慮した式は複雑になるのでこれを無視して $r = 0$ とする．容量の大きい同期機では巻線抵抗 r による電圧降下は電機子反作用リアクタンスの電圧降下に比べ小さいため，巻線抵抗を無視しても実用的には問題ない．

156 第 4 章 同 期 機

(4.63) 式において $r = 0$ とした式から I_d と I_q を求めると,

$$I_d = \frac{E - V_q}{X_d} \quad (4.64), \qquad I_q = \frac{V_d}{X_q} \quad (4.65)$$

よって,出力 $P = 3(V_q I_q + V_d I_d)$ は

$$P = 3\frac{V_d E}{X_d} + 3\frac{(X_d - X_q)V_d V_q}{X_d X_q} \quad (4.66)$$

さらに,$V_d = V\sin\delta$ と $V_q = V\cos\delta$ の関係を上式に代入すれば出力式は次のように表すことができる.

$$P = 3\frac{VE}{X_d}\sin\delta + \frac{3}{2}\left(\frac{1}{X_q} - \frac{1}{X_d}\right)V^2\sin2\delta \quad (4.67)$$

上式の右辺第 1 項は誘導起電力 E による出力で,X_d を x_s に替えれば非突極機の巻線抵抗を無視した出力式の (4.28) 式と一致する.第 2 項は回転子の突極性によって発生する出力である.

■ **例題 4.8** ■

突極形同期発電機において,電機子抵抗を考慮した遅れ力率の場合の出力式を求めよ.

【**解答**】 発電機では電圧は $\dot{V} = V_q - jV_d$,遅れ力率であるから電流は $\dot{I} = I_q - jI_d$,よって電圧方程式は

$$\left.\begin{array}{l} 0 = rI_d - X_q I_q + V_d \\ E = rI_q + X_d I_d + V_q \end{array}\right\}$$

上式より

$$I_d = -\frac{X_q V_q + rV_d - X_q E}{r^2 + X_d X_q} \ [\mathrm{A}]$$

$$I_q = \frac{X_d V_d - rV_q + rE}{r^2 + X_d X_q} \ [\mathrm{A}]$$

出力は

$$P = 3\,\mathrm{Re}[\dot{V}\dot{I}^*] = 3(V_q I_q + V_d I_d) \ [\mathrm{W}]$$

であるから,上で求めた I_d と I_q を代入すれば次のように得られる.

$$P = 3\frac{X_q V_d + rV_q}{r^2 + X_d X_q}E + 3\frac{(X_d - X_q)V_d V_q - rV^2}{r^2 + X_d X_q} \ [\mathrm{W}]$$

上式で $r = 0$ とおけば (4.66) 式と一致することがわかる.

4.2 同期機の理論

電動機　**電動機**では，入力電力から電機子巻線の銅損を差し引くことによって出力を求める．電動機では $\dot{V} = V_q + jV_d$ であり，遅れ力率の場合について考えると $\dot{I} = I_q - jI_d$ であるから出力は

$$P_2 = 3\,\mathrm{Re}\,[\dot{V}\dot{I}^*] - 3rI^2 = 3(V_qI_q - V_dI_d) - 3rI^2 \tag{4.68}$$

である．また，(4.60) 式より直軸電圧方程式と横軸電圧方程式は次のように得られる．

$$\left. \begin{array}{l} V_d = -rI_d + X_qI_q \\ V_q = rI_q + X_dI_d + E \end{array} \right\} \tag{4.69}$$

発電機の場合と同様に巻線抵抗を $r = 0$ として I_d と I_q を求めると

$$I_d = \frac{V_q - E}{X_d} \tag{4.70}, \qquad I_q = \frac{V_d}{X_q} \tag{4.71}$$

巻線抵抗を無視するので出力は $P = 3(V_qI_q - V_dI_d)$ となり，結果は次のように発電機の出力と同じになる．

$$P = 3\,\frac{V_d}{X_d}\,E + 3\,\frac{(X_d - X_q)V_dV_q}{X_dX_q} \tag{4.72}$$

$$P = 3\,\frac{VE}{X_d}\sin\delta + \frac{3}{2}\left(\frac{1}{X_q} - \frac{1}{X_d}\right)V^2\sin 2\delta \tag{4.73}$$

トルクは，回転子の角速度を ω_m とすれば $T = \frac{P}{\omega_m}$ であるから

$$T = 3\,\frac{VE}{\omega_mX_d}\sin\delta + \frac{3}{2\omega_m}\left(\frac{1}{X_q} - \frac{1}{X_d}\right)V^2\sin 2\delta \tag{4.74}$$

上式の右辺第 2 項は，回転子の突極性によって発生するトルクであるが，これは**反作用トルク**と呼ばれ，反作用トルクのみを利用して回転力を得る電動機は**反作用電動機**と呼ばれる．また，反作用トルクは直軸と横軸の磁気抵抗の差によって生じるため，**リラクタンストルク**および**リラクタンスモータ**とも呼ばれている．

4.3 同期機の特性

4.3.1 同期発電機の特性

(1) 無負荷飽和曲線

電機子巻線の 3 つの端子を開放して発電機を駆動し,界磁電流を徐々に増加すると,電機子巻線に誘導される電圧は増加し端子電圧 V も増加する.電機子巻線が Y 結線の場合,この端子電圧 V と無負荷誘導起電力 E の間には $V = \sqrt{3}\,E$ の関係がある.界磁電流が比較的小さい範囲では端子電圧 V は界磁電流にほぼ正比例するが,界磁電流がある程度大きくなると電圧の増加率は低下し,両者の関係は図 4.33 に示したように飽和曲線になる.これを**無負荷飽和曲線**という.

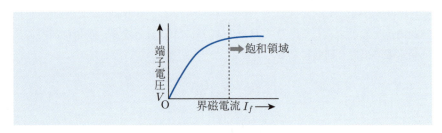

図 4.33 無負荷飽和曲線

(2) 短絡曲線

電機子巻線の 3 端子を短絡して同期発電機を駆動した場合の界磁電流と電機子電流の関係を表したのが**短絡曲線**である.このときの電機子電流を短絡電流という.短絡電流が流れると電機子反作用が発生し,この場合は減磁作用として働く.そのため鉄心の磁気飽和は緩和され,界磁電流と短絡電流の関係は図 4.34 に示したようにほぼ正比例の関係になる.

(3) 同期インピーダンス

同期発電機の等価回路についてはすでに説明した.等価回路によって発電機の特性を算出するためには,変圧器や誘導機と同様に,等価回路内の機器定数を求める必要がある.同期機では,**同期インピーダンス**または同期リアクタンスおよび巻線抵抗である.

4.3 同期機の特性

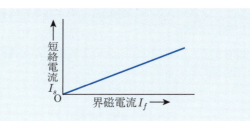

図 4.34　短絡曲線

　同期発電機の等価回路からわかるように，電機子巻線端子を短絡した場合，電圧が無負荷誘導起電力 E の電源に同期インピーダンス Z を接続した回路になる．しかし，端子を短絡した場合，起電力を直接測定することができない．そこで，無負荷飽和曲線と短絡曲線から得られる端子電圧と短絡電流から同期インピーダンスを算出する．つまり，無負荷飽和曲線と短絡曲線において，同一の界磁電流における端子電圧と短絡電流を V および I_s とすると，同期インピーダンスは次のように算出できる．

$$Z = \frac{V}{\sqrt{3}\,I_s} \tag{4.75}$$

　図 4.35 は，無負荷飽和曲線と短絡曲線および (4.75) 式から求めた同期インピーダンスの界磁電流に対する変化を示したものである．同図からわかるように，短絡電流は界磁電流に対してほぼ正比例するが，端子電圧は飽和特性を示す

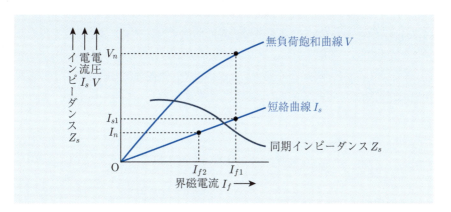

図 4.35　同期インピーダンスの算定

ため，同期インピーダンスの大きさは界磁電流の大きさに依存し変化する．そのため，端子電圧が定格電圧 V_n になるときの界磁電流を I_{f1} とするとき，同じ界磁電流 I_{f1} に対する短絡電流 I_{s1} を用いて算出した次式のインピーダンスを同期インピーダンスとして定義する．

$$Z_s = \frac{V_n}{\sqrt{3}\,I_{s1}} \tag{4.76}$$

電機子巻線抵抗 r は，直流試験法またはホイートストンブリッジで容易に測定できるので，同期リアクタンス x_s は次のように計算できる．

$$x_s = \sqrt{Z_s^2 - r^2} \tag{4.77}$$

(4) 単位法で表した同期インピーダンス

同期インピーダンスを定格電圧 V_n と定格電流 I_n から求められるインピーダンス $Z_n = \frac{V_n}{\sqrt{3}\,I_n}$ で正規化したものを**単位法で表した同期インピーダンス**という．つまり，

$$\overline{Z}_s = \frac{Z_s}{Z_n} \tag{4.78}$$

または，(4.76) 式と $Z_n = \frac{V_n}{\sqrt{3}\,I_n}$ の関係より

$$\overline{Z}_s = \frac{I_n}{I_{s1}} \tag{4.79}$$

(4.78) 式と (4.79) 式から，単位法で表した同期インピーダンスは単位を持たないことがわかる．同期インピーダンスは機器の出力容量により異なるが，Z_s と Z_n または I_n と I_{s1} の比率で表すことによって，機器の出力容量にかかわらず相対的に同期インピーダンスの大きさを比較する値として用いられる．この比率を百分率で表した

$$\overline{Z}_s = \frac{Z_s}{Z_n} \times 100 = \frac{I_n}{I_{s1}} \times 100 \ [\%] \tag{4.80}$$

を**百分率同期インピーダンス**という．

(5) 短絡比

同期発電機を定格（定格速度，定格電圧）で運転中に何らかの原因で電機子巻線の3端子が突然短絡した場合，これを**三相突発短絡**という．三相突発短絡が発生した場合，電機子巻線には定格電流を超える大電流が流れる．突発短絡が発生した直後は，過渡現象により図 4.36 に示したような突発短絡電流が流れ，過渡現象が収まり定常状態になった後は，同期インピーダンスで制限される持続短絡電流が流れる．このときの短絡電流は，図 4.35 に示した I_{s1} が大きいほど大きくなるため，定格電流 I_n と I_{s1} の比を短絡比と定義して短絡時の特性を表す．

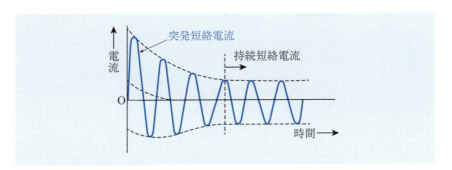

図 4.36 突発短絡電流

短絡電流は界磁電流にほぼ正比例するため，短絡電流が I_n と I_{s1} になる界磁電流をそれぞれ I_{f2} と I_{f1} とすると，短絡比は I_{f2} と I_{f1} の比で表すことができる．また (4.79) 式から，単位法で表した同期インピーダンスの逆数が短絡比に等しいことがわかる．以上の関係をまとめると短絡比 K_s は次式で表される．

$$K_s = \frac{I_{s1}}{I_n} = \frac{I_{f1}}{I_{f2}} = \frac{1}{\overline{Z}_s} \tag{4.81}$$

上式から，同期インピーダンスが大きいほど短絡比は小さくなり，短絡比が小さい同期機を**銅機械**，大きい同期機を**鉄機械**と呼ぶ．

(6) 外部特性

図 4.37 は，回転速度と界磁電流を一定にして同期発電機を運転したときの負荷電流と負荷電圧の関係を示した曲線である．これを**外部特性曲線**という．

同図には負荷力率が 1，遅れ，進みの場合の特性曲線が描かれている．負荷力率 1 の特性曲線に比べ遅れ力率負荷の場合は電圧の低下が大きく，それに反して進み力率の場合は電圧が増加している．この特性の違いは，4.2.1 項で述べた電機子反作用による減磁作用，増磁作用，交差磁化作用によるものである．

図 4.38 は，遅れ力率，進み力率，力率 1 の負荷を接続した場合のフェーザ図である．ただし，巻線抵抗による電圧降下は無視している．$\dot{E}$ と $x_s \dot{I}$ は無負

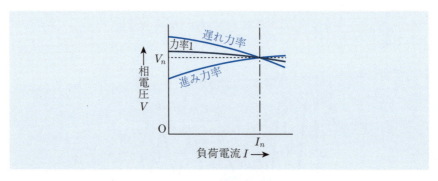

図 4.37　外部特性曲線

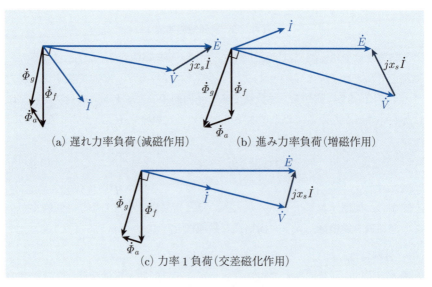

(a) 遅れ力率負荷（減磁作用）　(b) 進み力率負荷（増磁作用）

(c) 力率 1 負荷（交差磁化作用）

図 4.38　外部特性

荷誘導起電力と同期リアクタンスによる電圧降下，$\dot{V}$ と $\dot{I}$ は相電圧と負荷電流である．図には，界磁磁束 $\dot{\Phi}_f$，電機子電流による磁束 $\dot{\Phi}_a$，$\dot{\Phi}_f$ と $\dot{\Phi}_a$ を合成した磁束 $\dot{\Phi}_g$ が描かれている．$\dot{\Phi}_f$ は $\dot{E}$ を誘導し，$\dot{\Phi}_g$ は $\dot{V}$ を誘導する磁束であるから，それぞれ $\frac{\pi}{2}$ の位相差がある．負荷電流 $\dot{I}$ とその電流による磁束 $\dot{\Phi}_a$ の位相差は，4.2.1 項で述べたように π である．図 4.38(a)，(b)，(c) では，$\dot{E}$ の大きさおよび $\dot{I}$ の大きさは同一の大きさで描かれている．

図 4.38(a) は，遅れ力率負荷を接続した場合のフェーザ図であるから，$\dot{I}$ は $\dot{V}$ より遅れ位相である．この場合は減磁作用となり，Φ_g は Φ_f より小さくなるため V は E より小さくなる．図 4.38(b) は進み力率負荷の場合である．この場合は増磁作用となり，Φ_g は Φ_f より大きくなるため V は E より大きくなる．図 4.38(c) は負荷力率 1 の場合である．$\dot{\Phi}_f$ と $\dot{\Phi}_a$ の位相差は $\frac{\pi}{2}$ に近くなり，交差磁化作用に近い作用になる．

以上の説明から，遅れ力率負荷の場合は負荷電圧が減少し，進み力率負荷の場合は上昇することが理解できる．

(7) 電圧変動率

外部特性曲線からわかるように，回転速度と界磁電流を一定に保って運転しても，負荷電流によって負荷電圧が変動する．この変動の大きさを表すものが次式の**電圧変動率**である．

$$\varepsilon = \frac{E_0 - V_n}{V_n} \times 100 \ [\%] \tag{4.82}$$

ここで E_0 は，定格速度で運転したときに，定格電圧 V_n で定格電流 I_n が得られるように界磁電流 I_f を調整したときの無負荷誘導起電力である．

図 4.19(b) のフェーザ図から

$$E^2 = (V\cos\varphi + rI)^2 + (V\sin\varphi + x_sI)^2 \tag{4.83}$$

の関係が得られるので，E，V，I を E_0，V_n，I_n に置き換え，$\alpha = \tan^{-1}\frac{x_s}{r}$ とすれば次式が得られる．

$$E_0 = \sqrt{V_n^2 + 2V_n Z_s I_n \cos(\varphi - \alpha) + Z_s^2 I_n^2} \tag{4.84}$$

よって，同期リアクタンス x_s と巻線抵抗 r を測定しておけば，(4.82) 式と

(4.84) 式から電圧変動率を求めることができる．ただし，無負荷飽和曲線が著しい飽和特性を示すとき，電圧変動率は実際の値より過大になるため，この計算方法を適用する際には注意が必要である．

4.3.2 同期電動機の特性

(1) 電流の位相特性

巻線抵抗を無視した非突極機の電圧方程式は次式で表される．

$$\dot{V} = jx_s\dot{I} + \dot{E} \tag{4.85}$$

この両辺を jx_s で割ると次式が得られる．

$$\frac{\dot{V}}{jx_s} = \dot{I} + \frac{\dot{E}}{jx_s} \tag{4.86}$$

上式をもとに遅れ力率の場合のフェーザ図を描くと図 4.39 のようになる．図からわかるように，力率角 φ は $\angle AOP_1$，負荷角 δ は $\angle OCP_1$ であるから出力 P は次式で与えられる．

$$P = VI\cos\varphi = \frac{VE}{x_s}\sin\delta \tag{4.87}$$

これは (4.34) 式と一致する．

電圧 V を一定とし，回転速度と界磁電流を一定に保てば，x_s と E は一定であるから，点 P_1 の軌跡は点 C を中心に P_0P_2 の円弧を描き，出力は $\sin\delta$ だけに比例して変化する．

次に，界磁電流 I_f を変化させて出力 P を一定に保つ場合を考える．電圧と回転数は前述と同様に一定であるとする．この場合，E と $\sin\delta$ は変化するが，

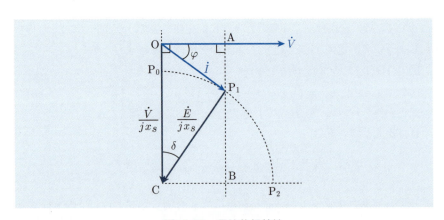

図 4.39　電流位相特性

$\frac{E}{x_s}\sin\delta$ は一定に保たれ，点 P_1 の軌跡は点 A と点 B を通る直線上を移動する．よって，$I\cos\varphi$ も一定に保たれ，点 P_1 が直線 OA 上にあるときは電動機の力率が 1 になり，直線 OA を越えると進み力率になる．図 4.39 から，力率 1 のときが同一の出力に対して電流 I が最小になることがわかる．

(2) **V 曲線**

電流の位相特性で説明したように，出力 P と電圧 V を一定に保つ場合，界磁電流 I_f を調整して E を変えると電動機の力率が変化し，力率 1 で電流は最小になる．よって，界磁電流 I_f と電機子電流 I の関係を描くと図 4.40 のように V 字型の曲線になる．出力 P_o がゼロであっても遅れまたは進み力率の場合は電流はゼロにならず，力率 1 で電流がゼロになり，出力を大きく取ると V 曲線は上方に移動する．このような特性曲線を **V 曲線** という．

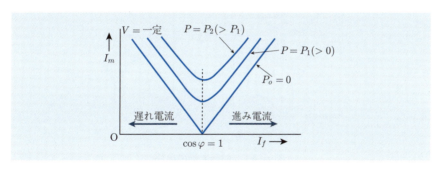

図 4.40　V 曲線

(3) **同期調相機**

V 曲線で述べたように，同期電動機を無負荷で運転し界磁電流を調整すると，電動機の力率を変えることができる．これは電流の位相特性を説明した図 4.39 では，点 P_1 が点 C と点 O を通る直線上を移動することを意味する．したがって，x_s が変化しないとすれば，$V > E$ の場合は電流 I は V に対して $\frac{\pi}{2}$ だけ遅れ位相となり同期電動機はリアクトルとして働く．$V > E$ の条件下で E を調整すれば，遅れ電流の大きさを変えることもでき，可変リアクトルになる．$V < E$ の場合，電流 I は $\frac{\pi}{2}$ だけ進み同期電動機は可変キャパシタになる．この特性を利用すれば，同期電動機を電源の位相調整に用いることができる．このような用途で使用される同期電動機を **同期調相機** という．

4.4 同期機の運転

4.4.1 同期発電機の運転

(1) 並行運転

横流 1つの母線に複数の同期発電機を接続して運転することを**並行運転**という．接続されている発電機の起電力の周波数と大きさは等しく，位相はほぼ一致していなければならない．

図 4.41 では，2台の発電機が母線に接続されている．それぞれの起電力は $\dot{E}_1$ と $\dot{E}_2$ である．$\dot{E}_1$ と $\dot{E}_2$ の位相が同じで大きさが異なる場合，2台の発電機の間には循環電流が流れ，力率の低下や電機子巻線の銅損増加を招く．各電流

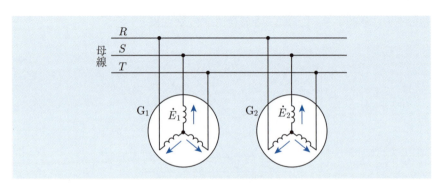

図 4.41 並行運転の接続

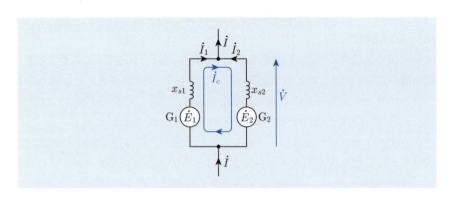

図 4.42 並行運転の等価回路

4.4 同期機の運転

と循環電流の関係を一相分の回路で表した図が図 4.42 である．$\dot{E}_1$ と $\dot{E}_2$ は発電機 G_1 と G_2 の誘導起電力，x_{s1} と x_{s2} は同期リアクタンスである．巻線抵抗は無視している．$\dot{I}_1$ と $\dot{I}_2$ はそれぞれ発電機 G_1 と G_2 の電流，$\dot{I}$ は $\dot{I}_1$ と $\dot{I}_2$ を加算した全負荷電流，$\dot{I}_c$ は循環電流であるが，ここでは $\dot{I} = 0, x_s = x_{s1} = x_{s2}$ とする．つまり，$\dot{I}_1 = \dot{I}_c, \dot{I}_2 = -\dot{I}_c$ である．このとき，

$$\dot{V} = \dot{E}_1 - jx_s\dot{I}_c = \dot{E}_2 + jx_s\dot{I}_c \tag{4.88}$$

であるから，フェーザ図は図 4.43 のように描ける．図からわかるように，$\dot{I}_c$ は $\dot{E}_1$ より $\frac{\pi}{2}$ 遅れ位相，$-\dot{I}_c$ は $\dot{E}_2$ より $\frac{\pi}{2}$ 進み位相の電流であるから，$\dot{I}_c$ は出力には無関係である．このときの循環電流 $\dot{I}_c$ を**無効横流**という．

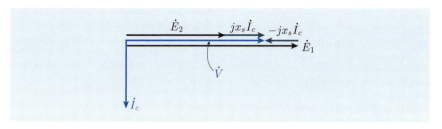

図 4.43 起電力の位相が同じで大きさが異なる場合のフェーザ図

$\dot{E}_1$ と $\dot{E}_2$ の位相が異なる場合は

$$\dot{I}_c = \frac{\dot{E}_1 - \dot{E}_2}{j2x_s} \tag{4.89}$$

の循環電流が流れ，フェーザ図は図 4.44 のようになる．フェーザ図からわかるように，起電力の位相が進んでいる発電機 G_1 は発電機として働き，位相が遅れている発電機 G_2 は電動機として働く．ここで，$E = E_1 = E_2$ とすると，発電機 G_1 の出力と電動機として働く発電機 G_2 の入力は

$$P = 3\frac{E^2}{2x_s}\sin\delta \tag{4.90}$$

となり，位相差 δ がゼロになるように発電機 G_1 は減速，G_2 は加速して $\dot{E}_1$ と $\dot{E}_2$ の位相が一致する．位相が一致した後は循環電流 $\dot{I}_c$ はゼロになり，両発電機は同じ同期速度で回転する．この場合の循環電流 $\dot{I}_c$ は G_1 から G_2 への電力を生み出す電流であるから**有効横流**という．

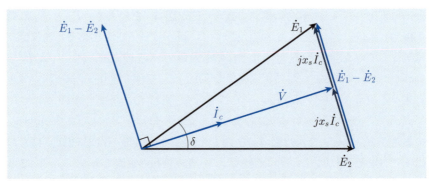

図 4.44 起電力の大きさが同じで位相が異なる場合のフェーザ図

同期検定器 母線に他の発電機がすでに接続され運転されているとき，その母線に新たに発電機を接続する場合は，周波数，起電力の大きさ，位相を母線のそれらに合わせて接続する．周波数と電圧の大きさは周波数計と電圧計で測定できるが，位相は**同期検定器**を用いて調整する．以下に，同期検定器として最も簡単な**同期検定灯**を用いた方法を示す．

母線と発電機の間に**図 4.45(a)** に示すように 3 つのランプ L_1, L_2, L_3 を接続する．**同図(b)** は，中性点から見た母線電圧と発電機の端子電圧をフェーザ

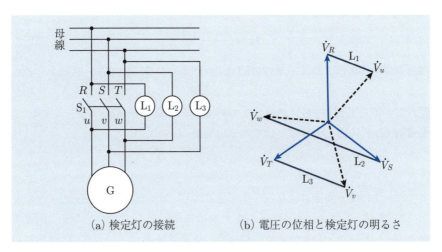

(a) 検定灯の接続　　(b) 電圧の位相と検定灯の明るさ

図 4.45 同期検定灯

4.4 同期機の運転 **169**

図で示したものである. フェーザ図からわかるように, 位相に差がある場合, 全てのランプは点灯し, ランプ L_2 と L_3 の明るさには差が生じる. 位相差が小さくなると L_1 は暗くなり, L_2 と L_3 の明るさの差が小さくなる. したがって, ランプ L_1 が消え, ランプ L_2 と L_3 の明るさが同じになるとき, 位相が一致していると判断できる.

負荷分担 図 4.42 から, 負荷電流が流れるときの各電流の関係は次のようになる.

$$\dot{I}_1 = \dot{I}_c + \frac{x_{s2}}{x_{s1} + x_{s2}} \dot{I} \tag{4.91}$$

$$\dot{I}_2 = -\dot{I}_c + \frac{x_{s1}}{x_{s1} + x_{s2}} \dot{I} \tag{4.92}$$

$$\dot{I}_c = \frac{\dot{E}_1 - \dot{E}_2}{j(x_{s1} + x_{s2})} \tag{4.93}$$

したがって, 界磁電流の調整によって誘導起電力の大きさ E_1 または E_2 を変えるか, $\dot{E}_1$ と $\dot{E}_2$ の位相を変えることによって, 2 台の発電機の負荷分担を変えることができる.

並行運転される同期発電機は, それぞれに個別の原動機で駆動されるため, 発電機 G_1 の原動機を PM_1, 発電機 G_2 の原動機を PM_2 とする. 両原動機の速度出力特性が図 4.46(a) の青色の実線で示すように同じ場合, 同期速度における PM_1 と PM_2 の動作点は P_1 と P_2 になり原動機の出力 P_{o1} と P_{o2} は等しくなる. よって, 一切の損失を無視すると G_1 と G_2 の出力も等しくなり, 2 台の発電機の負荷分担は等しくなる. このときのフェーザ図を描くと図 4.46(b) のようになる. フェーザ図から, G_1 と G_2 の全出力は, $E = E_1 = E_2$, $x_s = x_{s1} = x_{s2}$ として

$$P = 2\frac{3VE}{x_s} \sin\delta \tag{4.94}$$

次に PM_1 と PM_2 の速度出力特性を図 4.46(a) の青色の破線のように変更すると, PM_1 の動作点は P_1 から P_1' に移り出力は P_{o1} から P_{o1}' に増加する. 一方, PM_2 の動作点は P_2 から P_2' に移り出力は P_{o2} から P_{o2}' に減少する. このときのフェーザ図が図 4.46(c) である. このフェーザ図から, G_1 と G_2 の全出力は

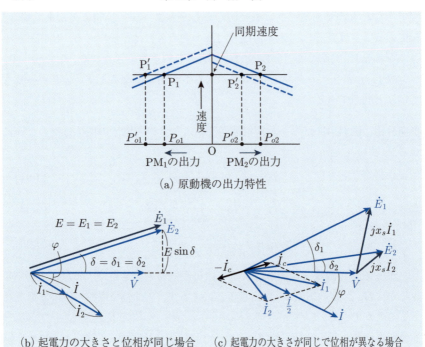

図 4.46 並行運転での負荷分担

$$P' = \frac{3VE}{x_s}(\sin\delta_1 + \sin\delta_2) \tag{4.95}$$

ここでは全出力が変化しないように原動機の特性を変更したので，(4.94) 式と (4.95) 式の出力は等しくなる．図 4.46(b) と (c) の比較からわかるように，原動機の速度出力特性を変更することによって，G_1 と G_2 の負荷分担を変えることができる．

(2) 同期化力

電機子巻線抵抗を無視すると，非突極機の一相の出力は

$$P = \frac{VE}{x_s} \sin\delta \ [\text{W}] \tag{4.96}$$

これを負荷角 δ で微分すると

$$P_s = \frac{dP}{d\delta} = \frac{VE}{x_s} \cos\delta \ [\text{W/rad}] \tag{4.97}$$

P_s は，負荷角 1 ラジアンの変化に対する出力 P の変化を表し，同期化作用の強さを表している．この P_s を**同期化力**という．図 4.47 は，P_s の δ に対する変化を示したものであるが，$\delta = 0$ で P_s は最大になる．また，P_s を角速度 ω_m で割った

$$T_s = \frac{P_s}{\omega_m} \ [\text{N}\cdot\text{m}] \tag{4.98}$$

を**同期化トルク**という．

突極機については，巻線抵抗を無視した一相の出力は

$$P = \frac{VE}{x_d} \sin\delta + \frac{V^2}{2} \left(\frac{1}{x_q} - \frac{1}{x_d} \right) \sin 2\delta \ [\text{W}] \tag{4.99}$$

であるから，同期化力は

$$P_s = \frac{VE}{x_d} \cos\delta + V^2 \left(\frac{1}{x_q} - \frac{1}{x_d} \right) \cos 2\delta \tag{4.100}$$

である．

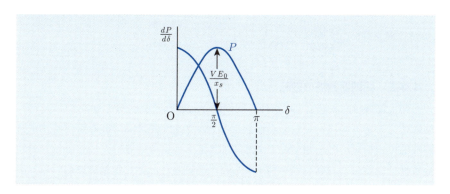

図 4.47 同期化力

(3) 制動巻線

　発電機を駆動する原動機のトルクが均一ではなく脈動する場合や負荷が急変した場合，回転速度が脈動して安定に運転できないことや，同期速度を保つことができず停止してしまうことがある．これを**同期はずれ**という．

　これを防ぐために，界磁極の先端に**制動巻線**を設ける手段がある．制動巻線は，誘導機のかご形巻線に似た構造であり，図 4.48(a)のように界磁極鉄心の先端にスロットを設け，その中に納めた導体の両端を短絡環で短絡したものである．図 4.48(b)は制動巻線を設けた回転子磁極の写真であるが，磁極先端部に棒状の導体が見える．これが制動巻線である．回転子が同期速度から外れ，すべりを生じた場合，誘導機の原理と同様にすべり周波数の電流が制動巻線に流れて，すべりをゼロにするように働き，速度を同期速度に戻す．

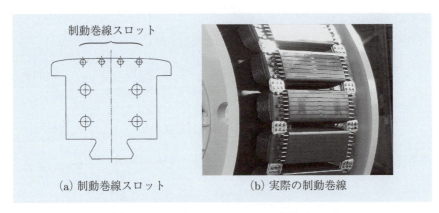

図 4.48　制動巻線（提供：富士電機株式会社）

4.4.2　同期電動機の運転

　同期電動機は，電機子電流が作る回転磁界と回転子が同期することによって，回転子を一定方向に安定して回転させるトルクを発生する．したがって，定格周波数で定格電圧の三相交流を突然印加しても始動できない．ここでは，同期発電機で説明した制動巻線を利用する自己始動方法と始動電動機を用いる方法について述べる．

4.4 同期機の運転

自己始動法 制動巻線は，誘導電動機のかご形巻線と構造が類似している．そのため，制動巻線を持つ同期電動機は誘導電動機として始動することができる．ただし，静止している同期電動機には誘導起電力が発生していないため，定格電圧を印加すると大電流が流れて電機子巻線を損傷することがある．そこで，図 4.49 に示した**始動補償器**を用いる．この方法では，始動前にスイッチ S_3 を開放（または界磁巻線を抵抗で短絡）し，スイッチ S_2 はリアクタの a 側に設定しておく．この状態でスイッチ S_1 を閉じて三相交流電圧を印加する．同期電動機内では誘導機トルクが発生し，無負荷状態であれば同期速度付近まで速度は上昇する．この時点で S_3 を閉じて同期速度に引き込む．その後 S_2 を b 側に切り換えて通常運転を行う．

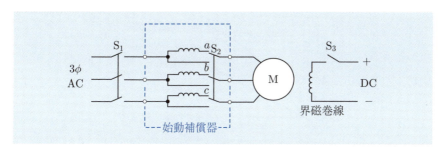

図 4.49 始動補償器を用いた自己始動

始動電動機法 **始動用電動機**として同期電動機に誘導電動機または直流電動機を直結し，同期電動機の電機子巻線を開放状態にして始動電動機で同期速度まで加速する．このとき界磁電流は遮断しておく．速度が安定した後に界磁電流を通電して同期発電機として運転する．誘導起電力が安定した後に電機子巻線を三相交流に接続し，始動用電動機の電源を遮断する．始動用電動機は，無負荷の同期電動機を同期速度までに加速するだけであるから，始動する同期電動機の容量に比べ小容量の電動機で済む．

4章の問題

☐ **4.1** 極数が10極の同期発電機がある．起電力の周波数が50 Hzと60 Hzになるときの回転数をそれぞれ求めよ．

☐ **4.2** 出力容量5000 kVA，定格電圧6000 Vの同期発電機の定格電流を求めよ．発電機の定格は，出力側の皮相電力で表され，容量[VA]で示されることに注意せよ．

☐ **4.3** 容量2.0 kVA，定格電圧$V_n = 200$ Vの同期発電機がある．図は，この発電機の無負荷飽和曲線と短絡曲線である．図中の界磁電流I_{f1}とI_{f2}はそれぞれ1.32 Aと0.49 Aである．短絡比K_s，単位法で表した同期インピーダンス$\overline{Z}_s$，同期インピーダンスZ_sを求めよ．

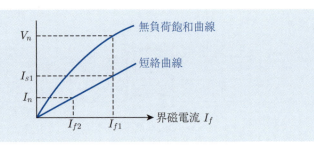

☐ **4.4** 前問4.3の発電機において，力率が0.8（遅れ）のときの電圧変動率を求めよ．電機子抵抗は0.57 Ωである．

☐ **4.5** 定格容量1500 kVA，定格電圧3300 Vの同期発電機がある．この発電機の電圧変動率は30%，同期リアクタンスx_sは5.55 Ωであった．短絡比および電圧と電流が定格値で力率が0.85（遅れ）のときの負荷角を求めよ．ただし電機子抵抗は無視せよ．

☐ **4.6** 前問4.5の発電機を2台並行運転している．母線の線間電圧は3300 V，2台の発電機の総負荷電流は320 A，力率は0.9，次の指定された値を求めよ．ただし，電機子抵抗は無視するものとする．
 (1) 2台の発電機の負荷分担は1:1で，無負荷起電力の大きさと位相が一致しているとき，起電力の大きさと負荷角を求めよ（**図 4.46(b)** を参考にせよ）．
 (2) 2台の発電機の負荷分担が3:1になったとき，それぞれの発電機の負荷角と横流を求めよ．ただし，無負荷起電力は前問(1)と同様とする（**図 4.46(c)** を

参考にせよ）．

(3) 前問 (2) の結果を用いて，それぞれの発電機の電流を求めよ．

□ **4.7** 定格出力 2.0 kW，極数 4，運転周波数 50 Hz の同期電動機（非突極機）がある．この電動機の定格トルク [N・m] を求めよ．ただし，定格出力は定格トルクを電力に換算した値である．

□ **4.8** ある同期電動機（非突極機）を線間電圧 200 V で運転したところ，電流が6.8 A，力率が 0.85 であった．このときの効率を求めよ．ただし，電機子巻線 1 相の抵抗は 0.6 Ω，電機子抵抗による損失以外の損失はないとする．

□ **4.9** 前問 4.8 の同期電動機において，運転状態も前問 4.8 と同じとする．ただし，同期リアクタンスは 5.0 Ω，電機子抵抗はゼロとする．

(1) この運転状態のときに誘導起電力と負荷角を求めよ．また，電機子相電圧，電流，誘導起電力のフェーザ図を描け．

(2) 界磁電流によって誘導起電力を調整し，力率を 1 にしたときの電機子電流を求めよ．ただし，出力は変えないものとする．

(3) 力率を 1 にした場合の誘導起電力と負荷角を求めよ．また，電機子相電圧，電流，誘導起電力のフェーザ図を描け．

【参考文献】

[1] 西方正司 [監修]，下村昭二，百目鬼英雄，星野勉，森下明平，「基本からわかる電気機器講義ノート」，オーム社，2014 年

[2] 猪狩武尚，「新版 電気機械学」，コロナ社，2001 年

[3] 森安正司，「実用電気機器学」，森北出版，2000 年

[4] 尾本義一，山下英男，山本充義，多田隈進，米山信一，「電気機器工学 I （改訂版）」，電気学会，1987 年

[5] 深尾正，新井芳明 [監修]，「最新 電気機器入門」，実教出版，2007 年

[6] 難波江章，金東海，高橋勲，仲村節男，山田連敏，「電気機器学」，電気学会，1985 年

問題解答

0章

0.1 コイルを通過する磁束 ϕ は，
$$\phi = BS\sin\omega t \text{ [Wb]} \quad \therefore \quad e = \frac{d\phi}{dt} = \omega BS\cos\omega t \text{ [V]}$$

0.2 (1) $e = vBl$ [V]　　(2) $I = \dfrac{e}{R}$ [A]，①

(3) $F = iBl = eB\dfrac{l}{R}$ [N]

0.3

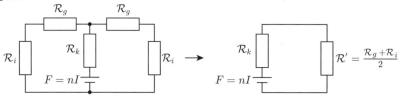

ここで，$\mathcal{R}_i = \dfrac{l_i}{\mu_i S}$, $\mathcal{R}_g = \dfrac{l_g}{\mu_0 S}$, $\mathcal{R}_k = \dfrac{l_k}{\mu_i S}$ であるので，全磁気抵抗 $\mathcal{R}$ は

$$\mathcal{R} = \mathcal{R}_k + \mathcal{R}' = \frac{l_k}{\mu_i S} + \frac{1}{2}\left(\frac{l_g}{\mu_0 S} + \frac{l_i}{\mu_i S}\right) \text{ [}\Omega\text{]}$$

次に，$\mathcal{R}\phi = nI$ より

$$\phi = \frac{nI}{\mathcal{R}} \text{ [Wb]}$$

したがって，$L = \dfrac{n\phi}{I} = \dfrac{2\mu_0\mu_i n^2 S}{2\mu_0 l_k + \mu_0 l_i + \mu_i l_g}$ [H]

1章

1.1 (1) $I_n = \dfrac{45 \times 10^3}{200} = 225$ [A]

(2) $V_n = E_0 - R_a I_n$ の関係より
$$E_0 = V_n + R_a I_n = 200 + 0.09 \times 225 \fallingdotseq 220 \text{ [V]}$$

(3) 定格出力は $V_n I_n = 45$ [kW]，定格運転時の入力は $E_0 I_n = V_n I_n + R_a I_n^2$．よって効率 η は
$$\eta = \frac{V_n I_n}{V_n I_n + R_a I_n^2} \times 100 = \frac{45 \times 10^3}{45 \times 10^3 + 0.09 \times 225^2} \times 100 = 90.8 \text{ [\%]}$$

1.2 (1) $K_E = \dfrac{pz}{a\pi}$ （p: 極対数，a: 並列回路数）

波巻では，極数に関係なく $a = 2$ であるから

$$Z = K_E = \frac{a\pi}{p} = 77.7 \times \frac{2 \times \pi}{2} = 244$$

(2) $E = K_E \phi \omega_m$ の関係より，

$$\phi = \frac{E}{K_E \omega_m} = \frac{E}{K_E \frac{2\pi n}{60}} = \frac{220 \times 60}{77.7 \times 2\pi \times 1150} = 23.5 \times 10^{-3} \ [\text{Wb}]$$

■ **1.3** (1) 定格電流 I_n は $I_n = \dfrac{50 \times 10^3}{200} = 250$ [A]

電機子電圧 E は $E = 200 + 0.2 \times 250 = 250$ [V]

負荷抵抗 R_L は $R_L = \dfrac{200}{25} = 0.8$ [Ω]

(2) $1000 \, \text{min}^{-1}$ の電機子電圧 E は

$$E = 250 \times \frac{1000}{1500} = 167 \ [\text{V}]$$

負荷電流 I は

$$I = \frac{E}{R_a + R_L} = \frac{136.7}{0.2 + 0.8} = 167 \ [\text{A}]$$

■ **1.4** (1) 出力 $2\,\text{kW}$，端子電圧 $100\,\text{V}$ であるから，そのときの負荷電流 I は $20\,\text{A}$．よって，ブラシ間電圧 V_0 は

$$V_0 = V + R_{se}I = 100 + 0.1 \times 20 = 102 \ [\text{V}]$$

このときの分巻界磁電流 I_f は

$$I_f = \frac{102}{50} = 2.04 \ [\text{A}]$$

電機子電圧 E は

$$E = V_0 + R_a(I_f + I) = 102 + 0.25 \times (2.04 + 20) = 107.5 \ [\text{V}]$$

原動機の出力は

$$E(I_f + I) = 107.5 \times (2.04 + 20) = 2369 \ [\text{W}]$$

(2) 効率 η は $\eta = \dfrac{2000}{2369} \times 100 = 84.4$ [%]

■ **1.5** (1) このときの界磁電流は $I_f = \dfrac{130}{50} = 2.6$ [A]

(2) このときの界磁電流は $I_f = \dfrac{100}{50} = 2.0$ [A]

電機子電圧は

$$E = V + V_b + R_a(I_f + I)$$

$$= 100 + 2.0 + 0.17 \times (2.0 + 45) \fallingdotseq 110 \ [\text{V}]$$

(3) 電圧方程式は

$$V = E - V_b - R_a(I_f + I) = 53I_f + 4 - V_b - R_a(I_f + I) \ [\text{V}]$$

よって

$$I_f = \frac{1}{53 - R_a}(V - 4 + V_b + R_a I) = \frac{1}{53 - 0.17}(100 - 4 + 2.0 + 0.17 \times 20) \fallingdotseq 1.92\,[\mathrm{A}]$$

界磁回路抵抗は $R_e = \dfrac{100}{1.92} \fallingdotseq 52.1\,[\Omega]$

■**1.6** 発電機の定格電流 $I = \dfrac{10 \times 10^3}{200} = 50\,[\mathrm{A}]$

電動機の出力を $10\,\mathrm{kW}$ にするには電機子電圧 E_M は $200\,\mathrm{V}$ でなければならない．よって，端子電圧は

$$V = 200 + 0.2 \times 50 = 210\,[\mathrm{V}]$$

発電機の電機子電圧 E_G は

$$E_G = V + R_a I = 200 + 0.2 \times 50 = 210\,[\mathrm{V}]$$

であるから，電動機の界磁電流 I_{fM} は

$$I_{fM} = I_{fG}\frac{E_M}{E_G} = 2.0 \times \frac{200}{210} \fallingdotseq 1.9\,[\mathrm{A}]$$

■**1.7** (1) 定格出力 P は

$$P = VI - R_a I^2 = 220 \times 215 - 0.05 \times 215^2 \fallingdotseq 45\,[\mathrm{kW}]$$

(2) 極対数を p，並列回路数を a とすると，波巻の場合 $a = 2$ であるから，トルク定数 K_T は

$$K_T = \frac{pZ}{a\pi} = \frac{2 \times 246}{2\pi} = 78.3$$

トルク定数と起電力定数 K_E は同じであるから

$$\phi = \frac{V - R_a I}{K_E \omega_m} = \frac{220 - 0.05 \times 215}{78.3 \times 1150 \times 2\pi} \times 60 = 22.2 \times 10^{-3}\,[\mathrm{Wb}]$$

(3) $T = K_T \phi I = 78.3 \times 22.2 \times 10^{-3} \times 215 = 374\,[\mathrm{N \cdot m}]$

(4) $T = K_T \phi I$ で，ϕ は定格運転時と同じであるから

$$I' = \frac{215}{2} = 107.5\,[\mathrm{A}]$$

よって，回転数は

$$\omega'_m = \frac{\frac{V}{2} - R_a \frac{I}{2}}{K_E \phi} = \frac{1}{2}\frac{V - R_a I}{K_E \phi}$$

であるから

$$n' = \frac{1150}{2} = 575\,[\mathrm{min}^{-1}]$$

出力 P は

$$P = \frac{\omega_m}{2}\frac{T}{2} = \frac{1}{4}\omega_m T = \frac{45 \times 10^3}{4} = 11.25\,[\mathrm{kW}]$$

問 題 解 答　　　**179**

■**1.8**　(1)　出力を P とすると

$$P = V_n I_a - R_a I_a^2 \ [\text{W}]$$

よって電機子電流 I_a は

$$I_a = \frac{V_n \pm \sqrt{V_n^2 - 4 R_a P}}{2 R_a} = \frac{105 \pm \sqrt{105^2 - 4 \times 0.25 \times 2000}}{2 \times 0.25} = \begin{cases} 400 \ [\text{A}] \\ 20 \ [\text{A}] \end{cases}$$

負荷電流は 21 A であるから，$I_a = 20 \ [\text{A}]$

よって，界磁電流は　　$I_f = I - I_a = 21 - 20 = 1 \ [\text{A}]$

　　　電機子電圧は　　$E = V - R_a I_a = 105 - 0.25 \times 20 = 100 \ [\text{V}]$

　(2)　効率 η は

$$\eta = \frac{E I_a}{V I} \times 100 = \frac{100 \times 20}{105 \times 21} \times 100 = 90.7 \ [\%]$$

　(3)　定格時の電機子電圧 E_n と角速度 ω_{mn} より

$$K_E \phi = \frac{E_n}{\omega_{mn}}$$

無負荷時の角速度 ω_{m0} は

$$\omega_{m0} = \left. \frac{V_n - R_a I_a}{\frac{E_n}{\omega_{mn}}} \right|_{I_a = 0} = V_n \frac{\omega_{mn}}{E_n} \ [\text{rad/s}]$$

よって速度変動率 ε は

$$\varepsilon = \frac{\omega_{m0} - \omega_{mn}}{\omega_{mn}} \times 100 = \frac{\frac{V_n}{E_n} \omega_{mn} - \omega_{mn}}{\omega_{mn}} \times 100$$

$$= \frac{V_n - E_n}{E_n} \times 100 = 5 \ [\%]$$

2章

■**2.1**　$\eta = \dfrac{150 \times 0.8}{150 \times 0.8 + 1 + 2.5} \times 100 = 97.2 \ [\%]$

　最大効率は，鉄損と銅損が等しいときに示される．このとき，鉄損は 1 kW なので，このときの負荷が全負荷に対して何倍となるかを求めると，

$$\sqrt{\frac{1}{2.5}} = 0.63 \ [倍]$$

したがって，最大効率 $\eta_{\max}$ は

$$\eta_{\max} = \frac{150 \times 0.8 \times 0.63}{150 \times 0.8 \times 0.63 + 1 + 1} \times 100 = 97.4 \ [\%]$$

■**2.2**　$Z = \dfrac{86}{10} = 8.6 \ [\Omega], \ R = \dfrac{360}{10^2} = 3.6 \ [\Omega]$

　　　$X = \sqrt{8.6^2 - 3.6^2} = 7.81 \ [\Omega]$

180　　　　　　　　　　問 題 解 答

2.3　$I_{0w} = g_0 V_1 = 0.00951$ [A]

$I_{00} = b_0 V_1 = 0.0450$ [A]

$I_0 = \sqrt{I_{0w}^2 + I_{00}^2} = 0.0460$ [A]

2.4　一次および二次側の対応する相について，正負の方向および巻数比を考慮すれば

$$\dot{I}_A = \frac{n_2}{n_1}\,\dot{I}_1 = \frac{\dot{I}_1}{a}$$

$$\dot{I}_B = -\frac{n_2}{n_1}\,\dot{I}_1 = -\frac{\dot{I}_1}{a}$$

$$\dot{I}_C = 0$$

次に，一次側の線電流は

$$\dot{I}_U = \dot{I}_A - \dot{I}_C = \frac{\dot{I}_1}{a}$$

$$\dot{I}_V = \dot{I}_B - \dot{I}_A = -\frac{2}{a}\,\dot{I}_1$$

$$\dot{I}_W = \dot{I}_C - \dot{I}_B = \frac{\dot{I}_1}{a}$$

2.5　$p = \dfrac{1650}{150 \times 10^3} \times 100 = 1.1$ [%]

$z = \dfrac{138}{3000} \times 100 = 4.6$ [%]

$q = \sqrt{4.6^2 - 1.1^2} = 4.46$ [%]

$\varepsilon = 1.1 \times 0.8 + 4.46 \times 0.6 = 3.6$ [%]

3章

3.1　交番磁界.

3.2　$\omega = p\omega_m$

3.3　二重かご形誘導電動機，深みぞ形誘導電動機.

普通かご形機に比較して始動特性が改善される．すなわち，始動電流は抑制され，大きな始動トルクを得ることができる.

3.4　(1)　$N_s = \dfrac{60f}{p} = \dfrac{60 \times 50}{2} = 1500$ [min^{-1}]

(2)　$s = \dfrac{1500 - 1470}{1500} \times 100 = 2$ [%]

(3)　$I_1' = \dfrac{\frac{200}{\sqrt{3}}}{\sqrt{\left(0.24 + \frac{0.384}{0.02}\right)^2 + 0.863^2}} = 5.93$ [A]

問 題 解 答　　　　**181**

(4) $W_{out} = 3 \times 5.93^2 \times \dfrac{1 - 0.02}{0.02} \times 0.384 = 1985 \ [\text{W}]$

(5) $T = \dfrac{1985}{2\pi \times \frac{1470}{60}} = 12.9 \ [\text{N} \cdot \text{m}]$

■**3.5** $W_{out} = 2\pi \times \dfrac{730}{60} \times 490 = 37.5 \ [\text{kW}]$

$W_2 : W_{out} = 1 : (1 - s)$ の関係より

$$W_2 = \frac{37.5}{1 - 0.0267} = 38.5 \ [\text{kW}]$$

ただし，$s = \dfrac{60 \times \frac{50}{4} - 730}{60 \times \frac{50}{4}} = 0.0267$

機械出力 37.5 kW，同期ワット 38.5 kW

■**3.6** 比例推移の関係より，

$$\frac{r}{0.04} = \frac{r_x}{0.16}, \quad r_x = 4r$$

となり，挿入する抵抗値は $3r \ [\Omega]$ となる．

4章

■**4.1** $n = \dfrac{120f}{p}$ （p: 極数, $p = 10$）

$f = 50 \ [\text{Hz}]$ の場合　$\dfrac{120 \times 50}{10} = 600 \ [\text{min}^{-1}]$

$f = 60 \ [\text{Hz}]$ の場合　$\dfrac{120 \times 60}{10} = 720 \ [\text{min}^{-1}]$

■**4.2** 定格容量 $P \ [\text{VA}]$，定格電圧 $V_n \ [\text{V}]$ とすると定格電流 I_n は

$$P = \sqrt{3} \, V_n I_n, \quad I_n = \frac{P}{\sqrt{3} \, V_n} = \frac{5000 \times 10^3}{\sqrt{3} \times 6000} = 481 \ [\text{A}]$$

■**4.3** 出力容量 $P \ [\text{VA}]$，定格電圧 $V_n \ [\text{V}]$ とすると

短絡比 $K_s = \dfrac{I_{f1}}{I_{f2}} = \dfrac{1.32}{0.49} = 2.69$

単位法で表した同期インピーダンス

$$\overline{Z}_s = \frac{1}{K_s} = \frac{1}{2.69} = 0.372$$

同期インピーダンス

$$Z_s = \overline{Z}_s Z_n = \overline{Z}_s \frac{V_n^2}{P} = 0.372 \times \frac{200^2}{2000} = 7.44 \ [\Omega]$$

■**4.4** $I_n = \dfrac{P}{\sqrt{3} \, V_n} = \dfrac{2000}{\sqrt{3} \times 200} = 5.77 \ [\text{A}]$

182　　問 題 解 答

$Z_s = 7.44\ [\Omega]$（前問より）

$x_s = \sqrt{Z_s^2 - r^2} = \sqrt{7.44^2 + 0.57^2} = 7.42\ [\Omega]$

$\alpha = \tan^{-1}\dfrac{x_s}{r} = \tan^{-1}\dfrac{7.42}{0.57} = 85.6\ [°]$

$\phi = \cos^{-1} 0.8 = 36.9\ [°]$

$E_0 = \sqrt{\left(\dfrac{V_n}{\sqrt{3}}\right)^2 + 2\,\dfrac{V_n}{\sqrt{3}}\,Z_s\,I_n \cos(\phi - \alpha) + Z_n^2 I_n^2}$

$\quad = \sqrt{\left(\dfrac{200}{\sqrt{3}}\right)^2 + 2\times\dfrac{200}{\sqrt{3}}\times 7.44 \times 5.77 \times \cos(36.9° - 85.6°) + 7.44^2 \times 5.77^2}$

$\quad = 147\ [V]$

$\varepsilon = \dfrac{\sqrt{3}\,E_0 - V_n}{V_n}\times 100 = \dfrac{\sqrt{3}\times 147 - 200}{200}\times 100 = 27.3\ [\%]$

■4.5　$I_{s1} = \dfrac{V_n}{\sqrt{3}\,x_s} = \dfrac{3300}{\sqrt{3}\times 5.55} = 34.3\ [A]$

$\qquad I_n = \dfrac{P}{\sqrt{3}\,V_n} = \dfrac{1500\times 10^3}{\sqrt{3}\times 3300} = 262\ [A]$

$\qquad K_s = \dfrac{I_{s1}}{I_n} = \dfrac{343}{262} = 1.31$

$\varepsilon = \dfrac{\sqrt{3}\,E_0 - V_n}{V_n} = 0.3\ \text{より}\ E_0 = 2477\ [V]$

入力電力と出力電力の関係は

$$\sqrt{3}\,V_n I_n \cos\varphi = \sqrt{3}\,\dfrac{V_n E_0}{x_s}\sin\delta$$

よって負荷角 δ は

$$\delta = \sin^{-1}\dfrac{x_s I_n \cos\varphi}{E_0} = \sin^{-1}\dfrac{5.55\times 262\times 0.85}{2477} = \sin^{-1} 0.5 = 30\ [°]$$

■4.6　(1)　$E\,e^{j\delta} = V + jx_s\,\dfrac{I}{2}\,e^{-j\delta} = V + x_s\,\dfrac{I}{2}\sin\phi + jx_s\,\dfrac{I}{2}\cos\phi$

$\qquad\qquad = \dfrac{3300}{\sqrt{3}} + 5.55\times 160\times 0.436 + j5.55\times 160\times 0.9$

$\qquad\qquad = 2292 + j799$

$\qquad E = \sqrt{2292^2 + 799^2} = 2427\ [V],\quad \delta = \tan^{-1}\frac{799}{2292} = 19.2\ [°]$

(2)　$2\sin\delta = \sin\delta_1 + \sin\delta_2,\ \sin\delta_1 : \sin\delta_2 = 3:1$ であるから

$\quad \sin\delta_1 = 0.494,\quad \delta_1 = 29.6°$

$$\sin \delta_2 = 0.165, \quad \delta_2 = 9.5^\circ$$

$$\dot{I}_c = \frac{\dot{E}_1 - \dot{E}_2}{j2x_s} = \frac{E}{j2x_s}\left(e^{j\delta_1} - e^{j\delta_2}\right) = \frac{E}{x_s}\sin\left(\frac{\delta_1 - \delta_2}{2}\right)e^{j\left(\frac{\delta_1+\delta_2}{2}\right)}$$

$$= \frac{2427}{5.55} \times \sin\left(\frac{29.6^\circ - 9.5^\circ}{2}\right) \times e^{j\left(\frac{\delta_1+\delta_2}{2}\right)}$$

$$= 76.3\, e^{j\left(\frac{\delta_1+\delta_2}{2}\right)}$$

よって $I_c = 76.3$ [A]

(3) $\dot{I}_1 = \dot{I}_c + \dfrac{\dot{I}}{2} = I_c\, e^{j\left(\frac{\delta_1+\delta_2}{2}\right)} + \dfrac{I}{2}\, e^{-j\phi}$

$$= I_c\{\cos(\delta_1 + \delta_2) + j\sin(\delta_1 + \delta_2)\} + \frac{I}{2}(\cos\phi - j\sin\phi)$$

前問 (2) の結果より $\delta_1 = 29.6^\circ$, $\delta_2 = 9.5^\circ$. また, $\cos\phi = 0.90$, $\sin\phi = 0.436$, $\dfrac{I}{2} = 160$. よって

$$\dot{I}_1 = 215.9 - j44.3$$

$$I_1 = 220 \text{ [A]}, \quad \phi_1 = \tan^{-1}\frac{44.3}{215.9} = 11.6 \text{ [}^\circ\text{]}$$

同様に

$$\dot{I}_2 = -\dot{I}_c + \frac{\dot{I}}{2} = -I_c\, e^{j\left(\frac{\delta_1+\delta_2}{2}\right)} + \frac{I}{2}\, e^{-j\phi}$$

であるから

$$\dot{I}_2 = 72.1 + j95.3$$

$$I_2 = 120 \text{ [A]}, \quad \phi_2 = \tan^{-1}\frac{95.3}{72.1} = 52.9 \text{ [}^\circ\text{]}$$

4.7 回転角速度 ω_m は, 周波数 f, 極数 p とすると

$$\omega_m = \frac{2f}{p} \times 2\pi = \frac{2 \times 50}{4} \times 2\pi = 50\pi$$

出力を P_o とすると, トルク T は

$$T = \frac{P_o}{\omega_m} = \frac{2.0 \times 10^3}{50\pi} = 12.7 \text{ [N} \cdot \text{m]}$$

4.8 入力は $P_i = \sqrt{3}\, V_l I \cos\phi$ [W] （V_l: 線間電圧）

出力は $P_o = P_i - 3rI^2$ [W]

よって効率は

$$\eta = \left(1 - \frac{3rI^2}{\sqrt{3}\, V_l I \cos\phi}\right) \times 100$$

$$= \left(1 - \frac{3 \times 0.6 \times 6.8^2}{\sqrt{3} \times 200 \times 6.8 \times 0.85}\right) \times 100 = 95.8 \text{ [\%]}$$

■ 4.9 (1) $Ee^{j(\phi-\delta)} = Ve^{j\phi} - jx_s I$
$= V\cos\phi + j(V\sin\phi - x_s I)$
$= \dfrac{200}{\sqrt{3}} \times 0.85 + j\left(\dfrac{200}{\sqrt{3}} \times 0.527 - 5.0 \times 6.8\right)$
$= 98.1 + j26.9$
$E = \sqrt{98.1^2 + 26.9^2} = 102 \ [\text{V}]$
$\phi - \delta = \tan^{-1}\dfrac{26.9}{98.1} = 15.3 \ [°], \quad \phi = \cos^{-1} 0.85 = 31.8 \ [°]$
$\delta = 16.5 \ [°]$

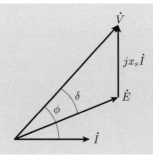

(2) 電機子抵抗を無視した場合，出力は $P_o = \sqrt{3} V_l I \cos\phi$
力率 1 の場合は $P_o = \sqrt{3} V_l I'$
よって $I' = I\cos\phi = 6.8 \times 0.85 = 5.78 \ [\text{A}]$

(3) 力率 1 とした場合は
$$Ee^{-j\delta} = V - jx_s I' = \dfrac{200}{\sqrt{3}} - j5.0 \times 5.78$$
よって
$$E = \sqrt{\left(\dfrac{200}{\sqrt{3}}\right)^2 + (5.0 \times 5.78)^2} = 119 \ [\text{V}]$$
$$\delta = \tan^{-1}\dfrac{\sqrt{3} \times 5.0 \times 5.78}{200} = 14.1 \ [°]$$

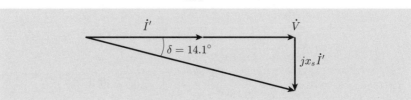

索　　引

あ　行

アルミダイキャスト　96
アンペアの周回積分　4

一次巻線抵抗　104
インダクタンス　7
インバータ　116
インピーダンス電圧　71
インピーダンスワット　71

渦電流　58
渦電流損　74

永久コンデンサモータ　122
永久磁石同期電動機　3
円筒形　128
円筒形回転子　128
円筒形同期機　128

横流　166

か　行

界磁　12
界磁極　12
界磁制御　49
界磁速度特性曲線　43
界磁調整器　36
界磁抵抗線　37
界磁電流　12, 128
界磁巻線　12, 128
回生制動　110
外鉄形　57

回転界磁形　128
回転角速度　9
回転機　2
回転子　96
回転磁界　92
回転電機子形　128
外部特性曲線　35, 37, 39, 161
加極性　77
加減速度電動機　43
かご形回転子　96
重ね巻　16
型巻　18
過複巻　39
簡易等価回路　68, 103
乾式　58

機械角速度　108
機械出力　102
機械損　104
幾何学的中性軸　25
基準巻線温度　104
起磁力　56
起電力定数　22
逆起電力　61
規約効率　74
極数切換誘導電動機　117
極性　77
極対数　93, 97

くま取りコイル　122
くま取りコイル形単相誘導電動機　123
クレーマー方式　117

計器用変圧器　88
減極性　77
減磁起磁力　26
減磁作用　26, 137

交さ起磁力　26
交さ磁化作用　26, 138
拘束試験　105
高調波　65
交番磁束　56
効率　74, 107
呼吸作用　58
固定子　95
固定子鉄心　95
固定子巻線　95
コンサベータ　58
コンデンサ始動形モータ　122
コンデンサモータ　121
コンドルファ始動　115

さ 行

最大効率　75
三相結線　77
三相突発短絡　161
三相変圧器　86
三相誘導電動機　94
残留電圧　32

磁化電流　65
磁気回路　6
磁気抵抗　7
自己始動　121
自己始動法　173
自己容量　87
自己励磁　38
始動抵抗　47
始動電動機法　173

始動電流　47
始動特性　118
始動トルク　112
始動法　114
始動補償器　173
始動補償器法　115
集中巻　99
主磁束　65
主巻線　121
循環電流　83
純単相誘導電動機　120

滑り　97
滑り周波数　98
スリップリング　96, 117
スロット　95

正弦波起磁力　99
静止器　2
静止セルビウス方式　117
静止誘導機器　56
静止レオナード方式　49
成層鉄心　58
制動機動作　111
制動巻線　172
整流子　12
絶縁　58
占積率　58
全節巻　101
全電圧始動法　114
全日効率　76

増磁作用　138
速度制御　116
速度特性曲線　42, 44, 111
速度変動率　46

た 行

第3高調波電流　78

索　　引　　**187**

単位法で表した同期インピーダンス　160
短節係数　99
短節巻　101
単相誘導電動機　120
段付け　48
単巻変圧器　87
短絡曲線　158

柱上変圧器　58
中性軸　14
直軸電圧　152
直軸電機子起磁力　148
直軸電機子反作用インダクタンス　149
直軸電機子反作用リアクタンス　149
直軸電流　149
直軸同期リアクタンス　149
直軸パーミアンス　149
直並列制御　49
直巻界磁　32
直列巻線　87

定格　3
定格値　3
抵抗制御　49
定速度電動機　43
鉄機械　161
鉄心　57
鉄損　58
鉄損電流　65
電圧降下　68
電圧制御　49
電圧変動率　40, 72, 163
転換電力　145
電気角速度　108
電機子起磁力　147
電機子コイル　12
電機子特性曲線　35

電機子反作用　25, 138, 139
電機子反作用リアクタンス　141
電機子巻線　12
電気的中性軸　25
電動機　143, 146, 153, 157

等価回路　63, 66, 102
同期インピーダンス　141, 158
銅機械　161
同期角速度　108, 133
同期化トルク　171
同期化力　171
同期機　2
同期検定器　168
同期検定灯　168
同期速度　93
同期調相機　165
同期はずれ　172
同期リアクタンス　141
同期ワット　108
銅損　58
特殊かご形誘導電動機　118
特殊変圧器　87
特性算定　106
突極形　129
突極形回転子　129
突極形同期機　128
トルク　9, 94, 107
トルク−速度曲線　112
トルク定数　29
トルク特性　45
トルク特性曲線　43, 45

な　行

内鉄形　57
内部相差角　141

波巻　16

二重かご形誘導電動機　118
二次励磁　117
二層巻　14
二値コンデンサモータ　122
二反作用理論　149

は　行

パーミアンス　7
発電機　140, 144, 151, 155
発電機動作　110
反作用電動機　157
反作用トルク　157

ヒステリシス損　57, 74
皮相電力　63
非同期機　3
非突極機　128
百分率インピーダンス降下　71
百分率抵抗降下　71
百分率同期インピーダンス　160
百分率リアクタンス降下　71
平複巻　39
比例推移　113

ファラデーの法則　5
負荷角　141
負荷速度特性曲線　43
負荷分担　83, 169
負荷飽和曲線　34
深みぞ形誘導電動機　119
負荷容量　87
不足複巻　39
負担　88
普通かご形誘導電動機　104
ブリーザ　58

フレミングの左手の法則　5, 94
フレミングの右手の法則　6
ブロンデルの二反作用理論　149
分布係数　99
分布巻　99
分巻界磁　32
分巻特性　43
分路巻線　87

並行運転　83, 166
変圧器　56
変圧器の容量　63
変流器　88

方向性ケイ素鋼帯　58
補極　27
補償巻線　27
補助巻線　121

ま　行

巻数比　56
巻線　58
巻線形回転子　96
巻線形誘導電動機　104
巻線係数　98, 99

右ねじ系　5, 61

無効横流　167
無負荷試験　105
無負荷特性曲線　37
無負荷飽和曲線　32, 34, 158
無負荷誘導起電力　133
無方向性ケイ素鋼板　95

銘板　3

漏れリアクタンス　118, 119, 141

や 行

有効横流　167
有効巻数比　98
有効励磁電流　34
誘導機　3
誘導起電力　5, 56, 97
誘導電動機　3
油入式　58
油入変圧器　58

横軸電圧　152
横軸電機子起磁力　148
横軸電機子反作用インダクタンス　149
横軸電機子反作用リアクタンス　149
横軸電流　149
横軸同期リアクタンス　149
横軸パーミアンス　149

ら 行

乱巻　18

理想変圧器　61
利用率　83
リラクタンス　7
リラクタンストルク　157
リラクタンスモータ　157
臨界抵抗　37

冷却　58
励磁アドミタンス　67
励磁コンダクタンス　67
励磁サセプタンス　67
レンツの法則　5

わ 行

ワード・レオナード方式　49

英数字

CT　88
L 形等価回路　68
PT　88
T 形等価回路　67
VT　88
V–V 結線　81
V 曲線　165
Y–Y 結線　79
Y–Δ 結線　81
Y–Δ 始動法　114
Δ–Δ 結線　78
Δ–Y 結線　80
％インピーダンス降下　71
％抵抗降下　71
％リアクタンス降下　71
4 象限チョッパ方式　49

著者略歴

三木一郎（みきいちろう）

1981 年　明治大学大学院工学研究科電気工学専攻博士課程修了　工学博士
現　　在　明治大学理工学部教授

主要著書
エレクトリックマシーン＆パワーエレクトロニクス（共著，森北出版）
電気回路ハンドブック（共著，朝倉書店）
電気工学ハンドブック（共著，オーム社）

下村昭二（しもむらしょうじ）

1984 年　長岡技術科学大学大学院工学研究科電気電子システム工学専攻修了
　　　　　博士（工学）
現　　在　芝浦工業大学工学部教授

主要著書
基本からわかる電気機器講義ノート（共著，オーム社）
電気工学ハンドブック（第 7 版）（共著，オーム社）

電気・電子工学ライブラリ＝ UKE−D7

電気機器学

2017 年 11 月 25 日 ©　　　　　初 版 発 行
2021 年 2 月 25 日　　　　　　初版第 2 刷発行

著　者　三 木 一 郎　　　　発行者　矢 沢 和 俊
　　　　下 村 昭 二　　　　印刷者　大 道 成 則

【発行】　　株式会社　数 理 工 学 社

〒151-0051　東京都渋谷区千駄ヶ谷 1 丁目 3 番 25 号
編集　☎ (03)5474–8661（代）　サイエンスビル

【発売】　　株式会社　サ イ エ ン ス 社

〒151-0051　東京都渋谷区千駄ヶ谷 1 丁目 3 番 25 号
営業　☎ (03)5474–8500（代）　振替 00170–7–2387
FAX　☎ (03)5474–8900

印刷・製本　太洋社
《検印省略》

本書の内容を無断で複写複製することは，著作者および出
版社の権利を侵害することがありますので，その場合には
あらかじめ小社あて許諾をお求め下さい．

ISBN978–4–86481–049–4

PRINTED IN JAPAN

サイエンス社・数理工学社の
ホームページのご案内
http://www.saiensu.co.jp
ご意見・ご要望は
suuri@saiensu.co.jp　まで．